比所有柳絮柔软，又比所有钢铁坚强，
姑娘的努力，从来不只是做做样子而已。

坚持很难，但别无选择的时候，还是像傻子一样吧，坚持下去。
虽会被扎得满身是伤，但坚持本身就是一件特别帅气的事。

不要等到走投无路的时候才想起努力。愿你不浪费时光。
不模糊现在，不恐惧未来。愿你变成更好的自己。

如果你羡慕别人会飞,你就要去化蛹结茧。
相信自己也能展翅成蝶。

痛苦的根源不在于你胖或者瘦，高或者矮，美或者丑，
而在于你没能好好地接纳自己。
长大的标志之一，是和自己达成和解。

只要热情、努力、乐观，我们终将成为自己的太阳，
无须凭借谁的光。

人人内心深处都有着独特的希冀，那种希冀，无论是你多年以来的小梦想，还是渴求的爱情，你越是期待，便越要风雨兼程。

爱情，不过是平平凡凡我爱你，真真切切我珍惜，有生之年遇见你。
多想说，已经等了那么久。如果最后是你，晚一点真的没关系。

越勇敢的女人 越幸运

简 书 | 主编

北京日报出版社

目录

Chapter 1

致生活：
愿你眼中总有光芒，
勇敢活成自己想要的模样

愿你眼中总有光芒，活成自己想要的模样 _ 叶上清之宿雨　　002
有些努力，是为了在伤口开出最美的花 _ 尹惟楚　　007
坚持，真的是一件特别苦的事 _ 空白中的独舞　　012
你终会成为自己的太阳，无须凭借谁的光 _ 徐徐来　　017
除了你自己，没人能对你的生活负责 _ 张铁钉　　022
做个热气腾腾的人 _ 陈大力　　027

Chapter 2

致自己：
做勇敢的女人，不做完美的女人

在婚姻里越来越美的女子 _ 卡西　　034
你是个好姑娘，你今天真漂亮 _ 陶瓷兔子　　038
你一辈子也不会变成女神的 _ 入江之鲸　　043
别摸了，你买不起 _ superpoo　　048
一线之差，一念之间 _ 一鸣　　055

Chapter 3

致爱情：
你来之前，勇敢拥抱孤独；
你来之后，勇敢去爱

爱在此时此刻，不在一辈子 _ 廖玮雯　　064
如果最后是你，晚一点真的没关系 _ 河边的少女喵　　068
你未来的蓝图里，没有我 _ 修行的猫　　075
请给别人一个爱你的理由 _ 紫健　　082
敬难熬的过去一杯酒 _ 巫其格　　087

Chapter 4

致梦想：
越努力，越勇敢，越幸运

坚持你所坚持的，总有一天时间会给你答案 _ 周灿　　096
再这样负能量下去就真的完蛋了 _ Josie乔　　101
我从来不努力，我就是幸运 _ 王大纯　　107
不是所有的努力都值得回报 _ 赤木与森　　111
我和幸运，一步之遥 _ 唐妈　　115

Chapter 5

致坚持：
你的坚持，终将美好

你可以走得慢一点 _ 烟波人长安　　122
好好吃饭的姑娘，你甚是威武雄壮 _ 鹿人三千　　134
好朋友就是彼此的水军 _ 袁小球　　139
我不是没努力，
我只是比较晚才闯出了一片天 _ 丧心病狂的小坚果儿　　144
我们总是习惯为自己找借口 _ 尹沽城　　149
你的痛苦，不过是没有满足自己的欲望 _ 佰稼　　154

Chapter 6

致未来：
没有过不去的今天，
只有走不出的自己

你所爱的人，正是你内心深处的另一个自己 _ 摆_渡_人　　164
亲爱的，从今往后，做自己的盖世英雄 _ 林夏萨摩　　170
不要等到走投无路才想起努力 _ 安梳颜　　175
圈儿内没有姑娘，全是女王 _ 钱饭饭　　182
你怎知明天不是星光满天 _ 南下的夏天　　188

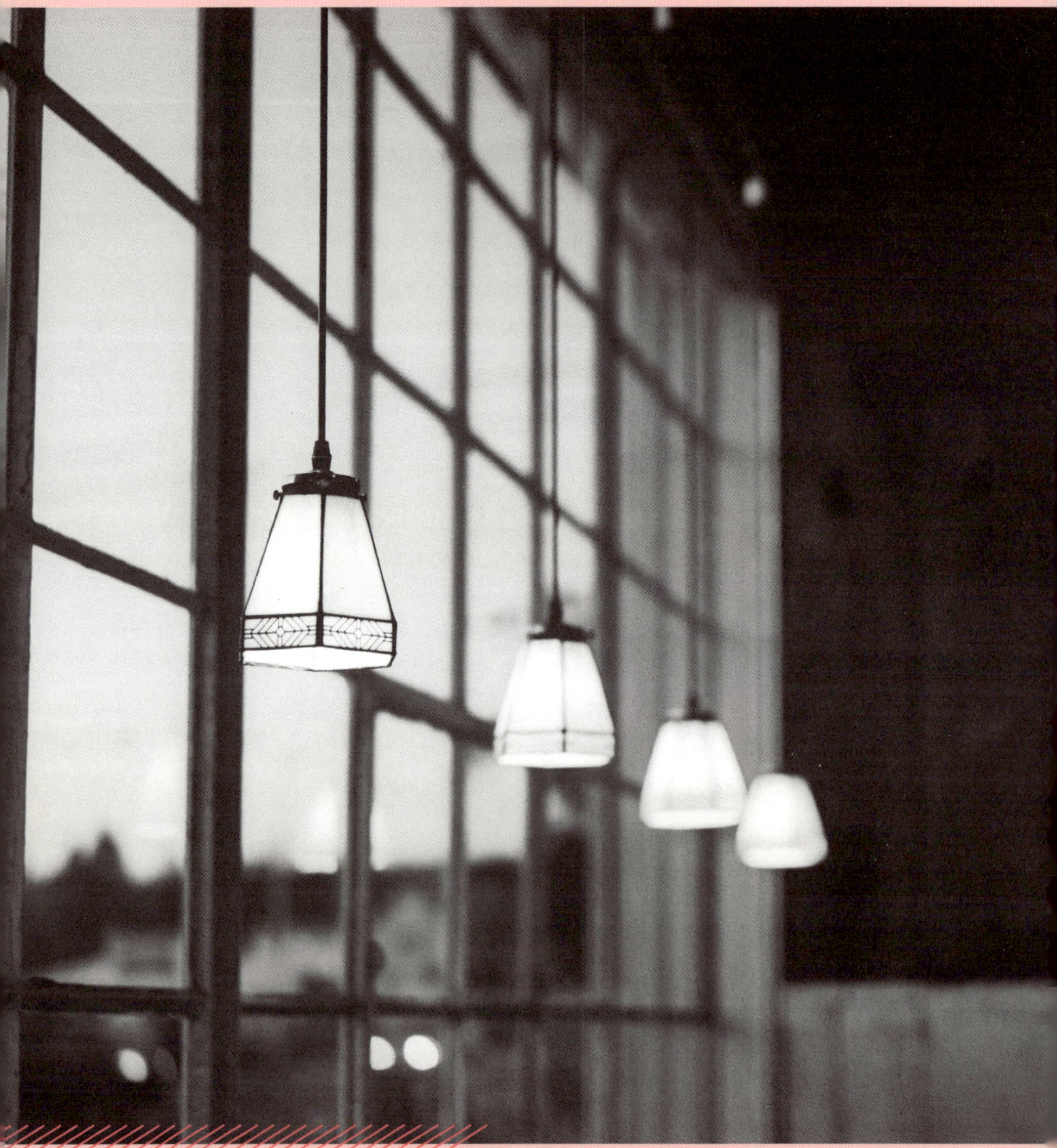

Chapter 1

致生活
愿你眼中总有光芒，
勇敢活成自己想要的模样

你之所以需要更加努力，
就是为了让自己有足够的勇气去遗忘，
有足够的力量去迎接一个焕发的新生

文●叶上清之宿雨

愿你眼中总有光芒，活成自己想要的模样

> 我知道，只有当我发光发亮的那一刻，
> 我才会成为别人想要追逐的那道光。

　　《奇葩说》第三季已经落下了帷幕。这个我每周必看的节目，最后一期依旧没让我失望。

　　BBking争夺战，大紧队派出了姜思达与肉松队的黄执中一对一，说真的，当时隔着电脑屏幕，我都在替姜思达紧张。要知道，黄执中作为专业辩手，在台湾享有"辩论之神""宝岛辩魂"的称号。姜思达呢，只是中国传媒大学校辩论队的前任队长，怎么看两人的实力都相差悬殊。但他站出来了，头顶花环，身着一袭白衣，勇敢地接受了挑战。

　　虽然最后黄执中在众望所归中摘得了桂冠，但我仍旧钦佩姜思达。钦佩他的才华，钦佩他的勇气，钦佩他一路走来化茧成蝶

的样子。

思达说，第三季《奇葩说》来的时候，双方导师去选择老奇葩加入自己的阵营，他是最后一个被选中的。

我看到节目播放到一个画面，那就是姜思达一边给其他被选中的选手鼓掌，一边站在原地微笑着等待导师的选择。导师没有第一时间选他，而是把他剩到了最后。这让他明白：在别人眼里，他不够优秀，并且实力不足。

我想在那一刻，他的内心多多少少会有点儿沮丧，可能还会夹杂些许自卑，觉得自己不如别人好。

后来他说，他一直在一步步地证明自己。证明自己讲的东西也是有一些道理的，证明自己刷票还挺厉害的。

谁都希望自己是凤头，没人希望自己做凤尾。

他说："其实我挺害怕这些声音的，我害怕没有办法成为大家心中的那个我。事实证明，我确实没有成为那个人。"

说这些话的时候，他几度哽咽，眼里噙满泪水。"我一直不想作为一个拖后腿的存在，我不想让大家觉得，如果把思达放在三辩的位置上，大家的信心就会下降。"

不知怎么的，他说这些的时候我特别感动。

很久很久以前，我是个极度自卑的人。不满于自己的外貌，在人群中走路喜欢低着头，碰到爱慕的人的眼神会迅速躲开。那时的我，鼻梁上架着框架眼镜，嘴里戴着牙套，最讨厌的一件事就是自拍。

Chapter 1

上大学那会儿，我真的普通到不能再普通。我成绩没那么好，不是什么学霸，从小引以为豪的特长也没发挥什么作用，在真正的学霸面前，我是自卑的。

我时常感叹，如果当年高考的两门选修课没考砸，我是不是就能填报本科了，是不是就不会留有遗憾了。

后来发了疯地看书、做题、考试，终于抓住了青春的尾巴弥补了一把，但还是有遗憾，没能去我最想去的大学，没能学我想学的专业。时光荏苒，后来就浩浩荡荡地毕了业。然后天天投简历、找工作，不停地刷网页、看招聘信息、参加各种招聘会。这期间，投了近百份简历，大多都石沉大海。那种满怀期待后的杳无音信，是一种沉重的打击，会让你怀疑自己。怀疑自己是否一无是处，是否毫无竞争力。

所以啊，多年以前，我就是一只丑小鸭。我和许多人一样，迷茫又彷徨。我站在人生的十字路口不敢跨出那一步。与其说我胆小懦弱，不如说我压根没有方向。我不知前方路在哪儿，我不知该往哪里走，我不知道自己是谁。

直至今日，我还是会觉得自己的才华无法撑起自己的梦想，但我似乎年年都在进步。

2012年，我靠一份英语家教的兼职养活了自己；2013年年初找到较为满意的工作，恰好与自己的专业对口；2014年电台订阅数突破40万，被当地的新闻媒体相继报道，成为网络电台人气主播；2015年开始写作，文章上了杂志、微博热搜榜和众多公众大号，并且有幸出版了第一本书《世间始终你好》。

我觉得我很幸运,同时也很努力。因为我想要证明,证明自己可以变得足够好,足够优秀。证明自己不会永远待在原地做一只自卑的丑小鸭。我想成为白天鹅,我想有展翅高飞的一天。我想证明给那些小瞧我的人看,我不怕嘲讽与失败,我不管周围的人怎么说,说我不行也好,说我自不量力也罢,我会充满自信地朝着我的梦想继续前行。就算再苦再累,我也会勇敢面对。

我听过不少嘲笑的声音,来自身边最亲密的人,同事、同学、亲戚。那些冷嘲热讽伴随一股轻微的刺痛感如针芒般在我心中深藏了很久很久,我从未在任何人面前提起过。我不怪那些嘲笑过我的人,他们之所以能够嘲笑我,是因为那时的我不够美好,不够强大,不足以让人信服。我知道,只有当我发光发亮的那一刻,我才会成为别人想要追逐的那道光。

没有人生来幸运,即使是那些天赋异禀的人。我们终要承受各种压力,在来自四面八方的质疑声中埋头挺进,流着泪,咬着牙,一步一个脚印地向前走去。

每个人都会是那个曾经不太被人看好的姜思达;同样的,每个人也都会成为一匹黑马惊艳全场。你羡慕别人会飞,你就要去化蛹结茧,相信自己也能展翅成蝶。

拿破仑一世说:"我们应当努力奋斗,有所作为。这样,我们才可以说,我们没有虚度年华,并有可能在时间的沙滩上留下我们的足迹。"

是的,所有努力都会化作幸运来到你的身边。在你默默无闻埋

Chapter 1

头苦干的时候，幸运女神已经发现了你。**你不必庸人自扰，不必怨天尤人，你只要一声不吭地去做。去改变自己，去提升自己。终有一天，时光会赐予你一个闪亮的登场。**

愿你永不放弃，眼里有光。

愿你欢歌高进，活成自己想要的模样。

文●尹惟楚

有些努力，
是为了在伤口开出最美的花

> 你要相信，唯有足够美好，
> 你想要的一切才会清风自来。

几天前的晚上，我和周公聊天正酣，被长长一个电话拉了回来。

我恼怒地拿起手机："你最好告诉我你中大奖了。"

她彻底无视了我的不满，"你猜我在哪儿？"还没等我吱声，她又开心地说道："布拉格。他向我求婚了。"

我一个激灵，立马睡意全无。

长长是典型的江南女生，沉静温婉，灵秀内敛。

都说温婉的女孩子内心藏着一股倔劲，长长将这种特质发挥得淋漓尽致。

大四的时候，长长考研失败，这不但意味着两年的努力付诸东流，更是因此而耽误了最佳的就业时机，大部分公司的实习岗接近饱和。一直到临近毕业，长长都未能找到合适的单位。

工作失意，情场更是溃不成军。曾经山盟海誓四年的男友，在父母的安排下，竟然背着长长去相亲，最后主动向她摊牌，并提出分手。

任她百般哭求，男友都不为所动。双重打击下，长长选择了极端的方式——割腕。尽管男友反应迅速，及时把刀片抢了下来，但锋利的刀片还是在她手腕上留下了长长一道伤口。

男友在把她送到医院后便不知所踪，那一刻她终于彻底死心，接受了爱情已逝的事实。

出院后，长长消极了很久。虽然没有再去纠缠男友，但也没有急着找工作，而是把自己静静地隔离开来。正当大家都为她担心的时候，她神色镇定地出现在我们面前，只是手腕上多了一道浅浅的伤疤。

找到工作的那晚，长长请我们吃饭，最后她向我们高举酒杯，表示感谢。当晚，她在朋友圈写下动态：

"你的努力，就是让伤口开出最美丽的花。"

— 2 —

人一旦让自己从失落的情绪中脱离出来，那种枯木逢春的能量，绝对可以让工作变得势如破竹。

长长虽然是个新人，工作技能非常有限，但她肯做，肯学，不放过任何一个可以提升的机会。其他人都千方百计地想着如何偷懒，可她却相反，哪怕没事的时候，也会主动向职场前辈们寻求任务，人家自然乐得如此，也愿意教她。

有一起进来的新人提醒她，又不是按劳分配，何必要这么拼，况且东西可以慢慢学，久了自然都会了。

长长笑了笑没有说话，也没有改变自己的想法。

后来，她是公司实习生里评分最高的，最后又是新人里第一个能够独立完成项目的，并打破了公司某位领导的这项纪录。

有时和我们聚会的时候，耳塞里也都放着英语听力练习。她说身在外贸公司，总会接触国外客户，甚至出国调研考察，虽然她只是个新人，这种可能性很小，但只要在这个行业走下去，那么外语必不可少。而机会，永远只会垂青于有实力抓住它的人。

一切都在变好，我们几乎都忘了她曾经所经历的绝望，除了手腕上那道浅淡的疤痕。

— 3 —

长长的爱情来得有些猝不及防。

那段时间，公司分派给她一个项目，而男生正是客户公司的负责人。两人代表各自的公司，经常需要进行工作的交流与交接，随着项目的进行，两人也渐渐熟悉起来。而通过工作之余的聊天，两人惊奇地发现彼此的三观与兴趣极其吻合，这种灵魂的高度契合，使得爱情的种子在两人心中悄然萌发。

项目完成的当晚，男生以庆祝之名邀请她吃饭。途中，男生突然从桌子对面将手伸了过来，并迅速握住她的手。

长长本能地想抽回手，奈何已被对方牢牢抓住。男生抚过她手腕上的伤疤，一脸疼惜地望着她说：我不想知道你经历了什么，或许你的努力，早已让自己拥有足够的力量去遗忘；但我希望在你今后的漫长岁月里，能够有我陪伴你，呵护你。

一段话，解除了长长内心最后的挣扎，坚强的堡垒亦瞬间土崩瓦解。

后来每次谈起这段感情，长长都会觉得有些不可思议。但在我们旁人看来，这是再正常不过的结果。她的努力已经让自己足够耀眼，像一簇盛放的花朵，自然能够迎来蝴蝶的驻留。

- 4 -

后来，公司派遣团队去欧洲考察。长长不但业务能力突出，外语水平也很好，因此被视为公司的潜力军加入团队，这是幸运的偶然，也是努力的必然。

而那时候，男朋友也悄悄请假跑去了欧洲，惊喜地出现在她面前，在布拉格黄昏的广场，迎着夕阳向她求婚。

这正是她梦寐以求的求婚场景。

她终于看到了，世界上真的有那样一个人，会迫不及待地沿着时光的轨迹，去翻阅你所有的动态，怜惜你的伤痛，感动你的曾经。

结婚典礼上，长长挽着新郎挨桌敬酒，此时她的手腕上早已没有了伤疤，取而代之的是一朵精致美丽的玫瑰。

生活里，谁都可能被绊得四脚朝天，伤痕累累。谁都可能会遇人不淑，痛不欲生。别让失望涂抹你对未来的憧憬，也别让伤口麻痹你对生活的热忱。

你之所以需要更加努力，就是为了让自己有足够的勇气去遗忘，有足够的力量去迎接一个焕发的新生，甚至将希望的种子植根在伤口里，最终浇灌出最美丽的花朵。

你要相信，唯有足够美好，你想要的一切才会清风自来。也许会迟到，但永远不会失约。

文●空白中的独舞

坚持，
真的是一件特别苦的事

> 坚持，从来就是自己熬过所有的苦，
> 然后笑着告诉别人，坚持一点都不难。

我曾说："因为并不聪明，所以努力把这些习惯坚持了七年。"真的，我是真的天资不高，内心素质也不强大，因此就像一个傻子一样把别人说的那些好习惯坚持了很多年。

这些年，说实话，坚持得真累、真苦。说不曾抱怨过，是骗人的；说没有哭过、痛过，也是骗人的。我根本没有你想象中那样坚强。

大二时，学英语口语，跟着伙伴们一起模仿，像一群疯子一样地模仿、练习。一个句子，真的能练上几百遍。

说真的，我学习语言的天赋并不高，一个句子，可能大家模仿几十遍就能很有感觉了，可是，我有时一个句子要练上半个小时。

并不是我不用心，而是我对语言的感知度就是不高。每当遇到这种情况，内心真的很受伤，会觉得自己糟糕极了。要强的我曾一个人偷偷地跑到 26 楼的楼梯间哭，心里曾无数次想过放弃：我一个学中文的姑娘，干嘛要去学英语虐自己啊？学了英语，以后也不一定会用到啊。

面对嗓子哑了，我哭；面对句子模仿不出来，我也哭；面对自己的早出晚归、不被理解，我还是哭。那段时间，我哭了很多次。严重的时候，我甚至萌生了想要放弃的念头，因为太痛苦了。

可是，放弃比坚持更难。当你放弃时，你就要彻底承认自己的懦弱，更要离开曾经和你一起坚持的伙伴。放弃之后，又怎知不是无尽的煎熬呢？

坚持很难，但别无选择的时候，还是像傻子一样吧，坚持下去。虽会被扎得满身是伤，但坚持本身就是一件特别帅气的事。那种帅，倔强又决然。

– 2 –

"剽悍青春读书俱乐部"第四期读书会完满结束的时候，在总结大会的"一句话敢想"环节，大家提到最多的词莫过于"坚持"。

其中，让我感触最深的，莫过于俱乐部成员"森林树"提到的那句：坚持，其实是一个特别苦的词。但是当有一天，坚持变成习惯时，成为身体里某个部分，所有的苦都会成为你记忆里的灿烂。

她绝对是说了真话。没有鸡汤，没有励志，都是最真实的感悟。

在第四期的"21天阅读打卡"中，我几乎是每晚最迟睡的，而树儿姑娘经常是最后一个打卡的。12点打过卡、1点打过卡、2点打过卡……每次的打卡，很迟，但却很认真。每次的分享，几乎篇篇成文。

树儿是一名护士，常常要加班，而且自己还坚持在写公众号。所以，我深刻地明白：坚持，于她而言，真的很苦。

一段时间，只坚持一件事，算不得苦；但若同时坚持几件事，还认真做好，真的很苦。所以，苦这个字，大概是很多"斜杠青年"常爱说的。

- 3 -

所谓的斜杠青年，是当今很流行的一个词。"斜杠"（Slash）一词来自于2007年《纽约时报》专栏作家Marci Alboher写的一本书，解释为：A New Model for Work/Life Success .（一种生活/工作成功的新模式。）

通俗点说，斜杠青年，就是自己本身有一份朝九晚五的工作，或者本身就是自由职业者，在工作之余会利用自身才艺或兴趣做一些喜欢的事，获得额外的收入。

说实话，我身边的斜杠青年不胜枚举，尤其是今年接触新媒体写作后。比如我认识的一个作者——"冰糖陈皮"。

冰糖是一个特别真诚的姑娘，也是一个很用心的作者。记得有段时间，冰糖常常在朋友圈爆出一些状态，让人看着很心疼。

恰好那段时间，我也很低迷，常常写文没灵感，遇到了写作的瓶颈期。冰糖也是，所以情绪特别低落，内心很沮丧。

其实，冰糖作为都市白领，本有着朝九晚五的工作，压根儿不用每天想着如何努力地写文。但是，因为喜欢，所以，就走上了斜杠青年的道路。

可是，这条路，真的并不好走。一旦写作者开了公众号，从此便是一去千里无归路啊。

每天下班回来，真的很累了。但是，一想到后台的那些粉丝们，就得要更文啊，不能让人家关注我们，我们却不能给他们带去收获啊。从此，我们走上了一条不归路。

写作这条路，苦不苦？说实话，我觉得苦。面对自己的文笔还不够成熟时，内心苦。面对诸多选题却迟迟找不到灵感时，内心苦。面对深夜码字、寂寞如雪时，内心苦。

常常半夜凌晨后，在群里吼一声，肯定还有作者未眠，在码字呢。他们经常出来冒个泡，无奈地说句：哥码的不是字，是寂寞。然后，又没声了，默默地去码字了。

是的，这就是一个斜杠青年的日常。就像"剽悍一只猫"，我好像就没见他凌晨两点之前睡过。每次更文，都是抢在零点的前一秒。

我们都看到猫老师很厉害，几个月成为了网红，坐拥不知道多少万粉丝。但谁的厉害不是像个傻子一样痛苦坚持出来的呢？

无数次，我觉得坚持不下去的时候，真的是自己给自己灌"鸡汤"，一碗又一碗，什么"拼搏到无能为力，坚持到感动自己"，什么"坚持别人不能坚持的，才能拥有别人不能拥有的"……

我希望，你不要笑我，在无数个难以坚持的日子，我靠着那些"鸡汤"坚持着。

很多时候，坚持，于我而言，真的不是因为我足够坚强，而是我别无选择。

所以，每当有读者问我：你是怎么坚持的啊？我为啥不能坚持下去呢？

我总说：**不能坚持，大多是因为你的渴望程度和危机感还不够强烈。当你还有退路的时候，你绝对做不到绝地反击。**

所以，别再相信那些说坚持很容易的话了。因为坚持，从来就是自己熬过所有的痛苦，然后笑着告诉别人，坚持一点都不难。

文●徐徐来

你终会成为自己的太阳，
无须凭借谁的光

> 我们有足够的时间，
> 慢慢来，一边欣赏路边的风景，
> 一边变成更好的自己。

今年毕业的我，听到最多的话应该就是：

"唉，就业压力好大啊。"

"天哪，我每天累死累活，讨好他人，就只拿这么一点工资。"

"你都不知道，职场菜鸟就只能看其他人的脸色，根本没有自尊可言。唉，太累了。"

一起毕业的同学大部分都留在了上海。外人眼里的上海，繁忙而又喧嚣，而只有我们知道，我们在这里度过了多少寂寞难熬的夜。我们为了能在这里生存，用尽了所有的力气。

每天早出晚归，还要接受随时的加班，看前辈们的脸色，生怕

Chapter 1

自己做错一件小事，就再也没有出头之日。周一到周五累得要命，周六、周日除了"葛优躺"什么事也不想做。起来对着镜子看看自己，发现自己过得一塌糊涂。然后，焦躁、失落、茫然。

阿梨是我的高中同学，比我早入职场一年，但是性子急，做什么事情都直来直往，耐不住性子。难得周末一起吃饭，刚见到她，就觉得她眉眼里都是疲惫。

阿梨毕业后应聘的是一家知名外企的文案策划，刚收到那家公司聘书的时候，阿梨特别高兴，还请我们几个要好的同学一起吃了饭。席间，还说自己一定要干出一番大事业。

我问，怎么许久不见，神色憔悴那么多呢？

阿梨摆摆手，说，别提了，今天啊，我就是来跟你吐槽的。

然后吃饭吃了多久，她就吐槽吐了多久，跟我倒了一肚子苦水，说他们经理怎么怎么刻薄，说她天天看经理脸色简直受够了。甚至会抱怨，为什么，为什么我要看别人的脸色过日子？！凭什么我要看别人的脸色过日子？！我都不想干了！我要回家！

原来，阿梨进公司后，自己的直线经理就没让她做过什么正经事，天天端茶送水，复印和汇总资料，每天负责把不同的资料送到不同的部门。嗯，说得简单点，就是个跑腿的。

这可让想干出一番事业的阿梨接受不了，她跟经理反映自己的想法，经理好不容易给了她个任务。结果交策划案的时候经理说，还没走就想飞了，然后给了阿梨一个大大的白眼，意思是让阿梨先做好基本的小事，再提正式策划文案的事情。

阿梨呢，也是那种从小被父母捧在手心里长大的孩子，没受过别人的气，所以每天被经理的白眼气得要命，都不想干了，甚至怀疑自己当初留在大城市的选择到底是对还是不对。

我想，这个时候她是需要发泄的，所以，我一开始并没有说话。

在她说完气呼呼地在那里大口喝水的时候，我说，傻姑娘，这些都是我们必须要经历的啊；沉得下去，才能浮得上来啊。刚入职场，谁也不是一步登天，什么都能要的。没有哪份工作不辛苦，也没有哪位新人不吃苦。前辈们在公司的资历本来就比你老；要知道，他们刚进公司时，也是过着跟你一样的生活呢。那些坚持不下来半途而废的，不管到哪里都是如此；只有耐得住性子，沉得下去，坚持下来，才有机会浮上来啊。到时候自然而然不需要看谁的脸色，自然而然可以做自己想做的事，有自己的空间和独立的想法。所以，在你没有足够的资本浮上来之前，沉得下去比什么都重要。

阿梨沉默，然后选择了继续待在公司，再也没有说过要辞职回家的话。现在的她，已经能够独当一面了。

所以，在你没有变得更加强大之前，你没有资格抱怨，没有资格说别人不好；正是因为别人比你强，他才可以肆意地给你甩脸色。而从别人那里寻求帮助，看别人脸色，也是这个过程里我们肯定会遇到的事。

我们不懂，这份文案究竟要怎么做才能做得既完美又高效，

Chapter 1

这个时候，我们只能放低身段去请教那些比我们资历老的前辈们。

我们不知道，怎么才能完美地处理和客户之间的关系，让他们足够信任我们，这样我们才能提高业绩，这个时候，你只能多听听前辈们的意见，谦虚地去询问有哪些需要注意的地方。

我们不清楚，每个月要做哪些报表，从哪里寻找数据，从哪里拷贝资料，这个时候，多说几句"不好意思，能不能……""你有时间吗，能不能请……"，比你自己一个人在那里干着急有用得多。

也许在这个过程里我们会收获几个不耐烦的白眼，但是我们学到的才是最重要的。这也不是厚脸皮，这是我们在尽力做好自己的事；这更不是放弃自尊心，去看别人脸色，你不去试一试，怎么知道别人不会友善地帮你呢？

我们嘴上说着不想靠别人，可是在我们成长的过程中，在适应职场的过程中，却不得不去寻求一些人的帮助。我们心里想，可以靠自己，可以以自己的想法闯出一片天地，却不知道有些东西需要靠经历沉淀，而不是靠我们自以为是的才华。

我刚进职场没多久，我们的领队对我们几个刚入职的实习生态度也不算好。每次看着领队跟前辈们说说笑笑，想起有一次我们犯了错，她跟我们说话冷冰冰的语气还有一脸嫌弃的表情，难免心里不痛快。我们都暗自发誓，一定要多努力，不让她看扁。

跟她相处了几个月，虽然发现她脾气不太好，急躁，也喜欢骂我们几个实习生，但是最起码，我们问她什么问题，她都会回答，尽管语气不好，但也说得很详细。

她由于身体原因不得不申请离职的时候，我们几个她带出来的实习生都哭了。她一个一米七几的大块头的大姐，竟然手足无措地看着我们掉眼泪，说，我知道我这几个月对你们很凶，但是，新人都是这样的，我对你们不凶其他前辈们也看不下去，他们都是这样过来的。我觉得你们都很棒，都很努力，总有一天你们也会有机会坐上我的位置，到那个时候，就不会再抱怨我给你们脸色看啦。傻姑娘们，只要努力，你们终会成为自己的太阳，无须凭借谁的光。

也许有过失落和迷茫，也许有过压力和崩溃，也许看过无数人的白眼。

但是，亲爱的，别担心，这些都是我们的必经之路，总有一天它会变成我们的财富。只要有热情、努力、乐观，我们终将成为自己的太阳，无须凭借谁的光。

我们有足够的时间，慢慢来，一边欣赏路边的风景，一边变成更好的自己。

最起码，独立、自信、有光彩，不轻易被现实打败，不畏惧将来。

文●张铁钉

除了你自己，
没人能对你的生活负责

> 幸福是自己的，
> 只有把握住自己才能得到真正的幸福。

　　Y酱为留住她的男朋友绞尽了脑汁。男朋友和别人聊天说喜欢短发，她就真的去剪掉留了三年的长发。男朋友说就喜欢胸大的，已经是D杯的她竟然盘算去做胸部整形手术。男朋友喜欢街头风，她就把本来适合自己的可爱风抛弃，钱都用在买新衣服上。

　　除了外形上，其他方面她也竭尽所能地满足男朋友要求。和闺蜜出去旅行时，男朋友信息里随口说的地方她都要去看，不管时间来得及来不及。男朋友说过的电影、书，自己不喜欢也去看。

　　她专门去买了可以守护爱情的小物件，迷信每一条所谓的爱情守则。但最后，男朋友还是离开了她。

　　之后Y酱用了很久才解脱出来，又开始踏上相亲、找男朋友的路。一旦找到又是如此，循环着，Y酱感到很心碎，不明白为什么自己会遭受如此折磨，整个人憔悴而阴郁。

她的好朋友路路正好相反，她没有男朋友，自己一个人过得自由潇洒。在Y酱想着如何讨男朋友欢心的时候，路路在想怎么让自己高兴。她去看话剧，去外面旅行，业余时间看书，学烹饪，可以做出一道道拿手好菜。

路路从不相亲，也拒绝相亲。没有男人的日子她过得有声有色。和小姐妹定期聚会，做美容，健身。她知识面很宽，不管和谁聊天都能聊到一起去。

虽然有些人认为，一个快三十岁的女人不结婚不交男朋友是有问题的，但路路根本不介意，自由自在地过着自己的生活，不去讨好谁，只是按照自己的心意。Y酱虽然很羡慕她，却始终做不来。

没有任何的套路故事，路路并没有什么异国艳遇，也没有任何完美的爱情结局。一个女人的幸福与爱情并无太大关系，只和自己有关。

Y酱曾问过路路如何不去在意外界的眼光。她的家人一直催促她结婚，因为快到三十岁了。很多人都认为女人三十岁前要结婚，好生孩子。这让Y酱压力很大，不断地相亲，把每个人都当成结婚对象、救命稻草，这才拼命地去讨好。

路路告诉她，要想自己过得开心就不要去考虑那些所谓的标准。只跟随自己的内心，不要害怕没人爱自己，即使没人爱，自己过得开心就可以了。

太多的人喜欢对别人的生活指指点点，却没人愿意负责。一旦给她们影响，被绑架在所谓的社会标准中，就会失去自我。Y酱就是太在乎那些标准而让自己陷入一个又一个怪圈中。其实她真的那么需要爱情吗？那么需要男朋友吗？

在她原来没有男朋友的时候，她也曾和路路一样潇洒。只是随着年岁渐长，催促结婚的声音将她吞没，各种女性的评判标准让她感到恐慌。为了成为长辈和众人期待中的女性，Y酱开始了追逐爱情之旅。为了早日达到结婚这一目标，她害怕失去，不敢做自己。

其实每个女人都有着独立的灵魂，没有爱情时也能过得很好。让女人失去独立的不是男人，而是危机感。要是分手了就会被人说三道四，有好不容易找了个男朋友一定得结婚，等等，这样的想法，这些才是真正让女性失去自我的元凶。

太在乎别人的眼光，太在乎社会的规则，太在乎他人的风言风语，甚至于把自己的评判标准都建立在这些上，这才是Y酱以及很多女性常犯的错误。Y酱经过路路提醒，也觉得自己其实不是那么需要男人。只不过是因为害怕自己成为家人以及很多人说的嫁不出去的老姑娘，才拼命地追逐爱情，不顾自尊地挽留爱情。

但这一切并没有用，只会让Y酱陷入生活的死结中，让本来快乐的自己变得不像自己。很多人都说要顺其自然，感情也是如此，一旦迫于外力而去追逐，受伤的只是自己。而要想不被外界左右，就要修炼自己强大的内心，要有属于自己的东西作为支撑。不要相信那些电视剧或者是书籍中的套路故事，这个世界并不会因为你过得多么自我，多么潇洒而对你好一些，你也不会因此而获得真爱。

如果一开始就以这个目的生活，那么恐怕会让你失望。生活不能带有太多的目的性，否则最后痛苦的只会是自己。如同Y酱，每一次恋爱都是为了结婚，因此格外害怕失去，才会一而再、再而三地让自己去成为对方的理想型，而忽略了自己。最终也什么也没有得到。

感情不能强求，人生也不能强求，既然这些都不能强求，那么唯一能做的就是过好自己的生活。如同路路，用自己喜欢的方式将生活过得有声有色。不在乎别人的眼光，不在乎世俗的蜚语流言。因为快乐是自己的，只有自己能够体会到，也只有自己可以把握。一旦把评判标准交到别人手上，只会让自己痛苦。

评判人生的方式多种多样，并不是有钱、有好的老公就是成功。很多人很有钱，老公也很好，但她们并不快乐。将评判权回归于自己的手上，只用能让自己开心的方式生活，才是最大的幸福。生活在别人和社会规则的眼光下，只会失去自我。

后来Y酱也明白了这些道理，她也开始不再去理会别人的催促，沉下心来，从追逐爱情中醒悟。她也开始用心生活，只专注自己，而不是专注于如何达到别人设定的目标。不再被那些所谓的社会规范束缚，不再去讨男人欢心，只为了不成为别人口中嫁不出去的老女人。Y 酱感觉自己快乐了很多，就像是多年前一样，只做自己，无所谓他人。

幸福是自己的，只有把握住自己才能得到真正的幸福。别人说的话不能代替你的思考，更不能因为恐惧害怕成为别人口中的什么而盲目地追逐，失去自我。要知道，除了你自己，没人能对你的生活负责。

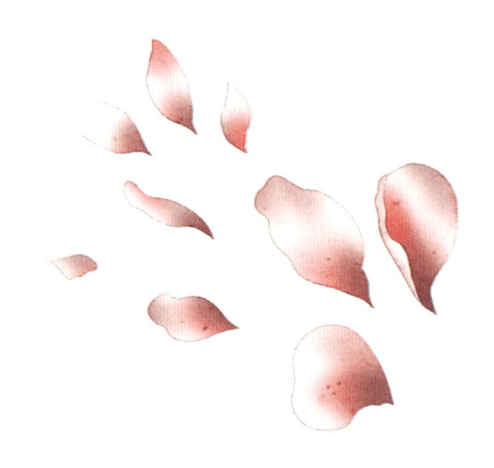

文●陈大力

做个热气腾腾的人

> 我们都可以用双手，
> 给所有的粗糙和无趣下禁令；
> 转头拥抱，认真搭建起来的，
> 一毫一厘的美好。

— 1 —

上海八月中旬的一场大雨后，我驱车去徐汇区找阿沁。阿沁住在上世纪90年代的旧式小区，水泥墙皮楼道，声控的廊灯挂满灰尘，窗台外悬着逼仄的黑夜。

阿沁的房子只有六十来平米，但精致。宜家的柔软麻布沙发，据说是反复挑选一月有余的织花地毯，睫毛蕾丝边的桌布，斑驳错落的照片墙。这很阿沁——因为这个女人，不仅痴迷化妆品和护肤品，崇尚于捯各式各样的美好造型，就连下楼倒垃圾，也要讲究一下上衣和鞋子搭不搭的程度。

吃吃聊聊间，我说，好多人租房子根本不会买这么多装饰的，反正都是会到期的东西，还要经第二个人的手，干嘛费大力气。

阿沁说，可是我不行，我不想因为房子是租的，就随随便便摊一堆杂物，好像我的人生是被排放出来的尾气，将就又无用。

她去厨房给我做沙拉，这个女人，连餐具都选得美。新鲜的蔬果配浓稠的沙拉酱，亮澄澄的一盘端上来，叫人心情往上扬了几分。

我太佩服阿沁。她在媒体工作，工作日忙得恨不能三头六臂，晚上搭地铁回到家大概都快十点了，但她从不允许自己进门就瘫床上——她还有很多工序，护肤、看书、做瑜伽，一道道都要落实。

周末呢，她就四处看展，逛街吃饭，立志把最有特色的店，都要吃一遍。她有很多好朋友，把她们约出来做美甲、Spa，或者一起往返商场专柜。上次她一高兴，买了一瓶 Dior 的男士香水。

噢，对了，阿沁单身。

但她说，自己买着就是图高兴，"等哪天有男朋友了，随手送给他。"

- 2 -

阿沁差点让我觉得，女生一个人在大城市打拼，其实一点都不辛苦。

但不是的。阿沁也很累。在高压的部门工作，人事倾轧一定不少，一定也有满心疲惫的时刻。

我之前写书压力太大，会因为一点琐事生气，会因为洗澡水温太低而号啕大哭。我有过很多个不卸妆就躺下的夜晚。因为头脑和身体几乎被透支，整个人像一吹就倒的木偶，还要用什么眼霜、面膜？

经历过这种灰头土脸的日子，才真的觉得，精致是一种能力，热爱生活，更是一种能力。

看上海名媛，对郭婉莹印象最深。作为永安百货的大小姐，前半生富足优渥，从小伦敦长大，就读燕京大学，闲暇时跟兄弟们开小轿车在大马路上兜风，日子过得金光闪闪。

陈丹燕写《上海的金枝玉叶》，里面讲到郭婉莹的家："清一色的福州红木，擦得雪亮，银器和水晶器械是一大柜一大柜的，沙发又大又软，坐进去好像掉进了云端里。圣诞树高到了天花板，厨子做的福州菜最好吃，她做的冰淇淋，上面有核桃屑。"

但这些器具的玲珑剔透，雪白的冰淇淋上细碎的核桃屑，并不是真正精致的代言。

天地不仁，后半生郭婉莹的命运急转直下，家族破产，与丈夫长久分离，被发配至贫苦农村。那得是多么难熬的一段时间啊，但她没把心气儿全数埋进泥土里,而是坚持穿着旗袍清洗马桶,去嘈杂逼仄的市场卖菜,也刻意穿上最心爱的皮鞋,鞋尖干净到发亮。

有时候,优雅哪怕是"拗"出来的,也比不修饰的丧气要好看得多。

- 3 -

《小团圆》里有一句,"在最坏的时候懂得吃,舍得穿,不会乱。"

我想到阿沁,觉得她一定也挨过很多很多的心碎坎坷,只是她都消化了下去,还更高昂着头去生活。

精致背后,其实是一股子热爱。

是有一颗从容不乱的心,或者说,哪怕真的胆怯,想要退缩,但总也能给自己鼓好了劲,继续战斗。人人都要穿越荆棘丛,但姿态各有千秋;摆出如丧考妣的脸,可生活对你下手并不会轻一些。

索性就抓住稍纵即逝的小确幸,多给未来留点笑容和期待。

《月童度河》里说,有些人变老,像果实阴干,收缩、有皱纹,但依然结实有形。有些则像要腐烂般地膨胀起来,且面目身形失去轮廓。前者显然跟克制、安静、持续发力的生活状态有关；后者则是沉溺于食物、世俗娱乐、懒怠、自我放弃。

　　就像我特别欣赏阿沁这样的姑娘，活得像一顿饱满好看的餐饭，坚信，房子是租来的，可生活不是。

　　无论在哪种境况下的生活，只要用心经营一番，都可以比现在的更迷人一些。我们都可以用双手，给所有的粗糙和无趣下禁令；转头拥抱，认真搭建起来的，一毫一厘的美好。

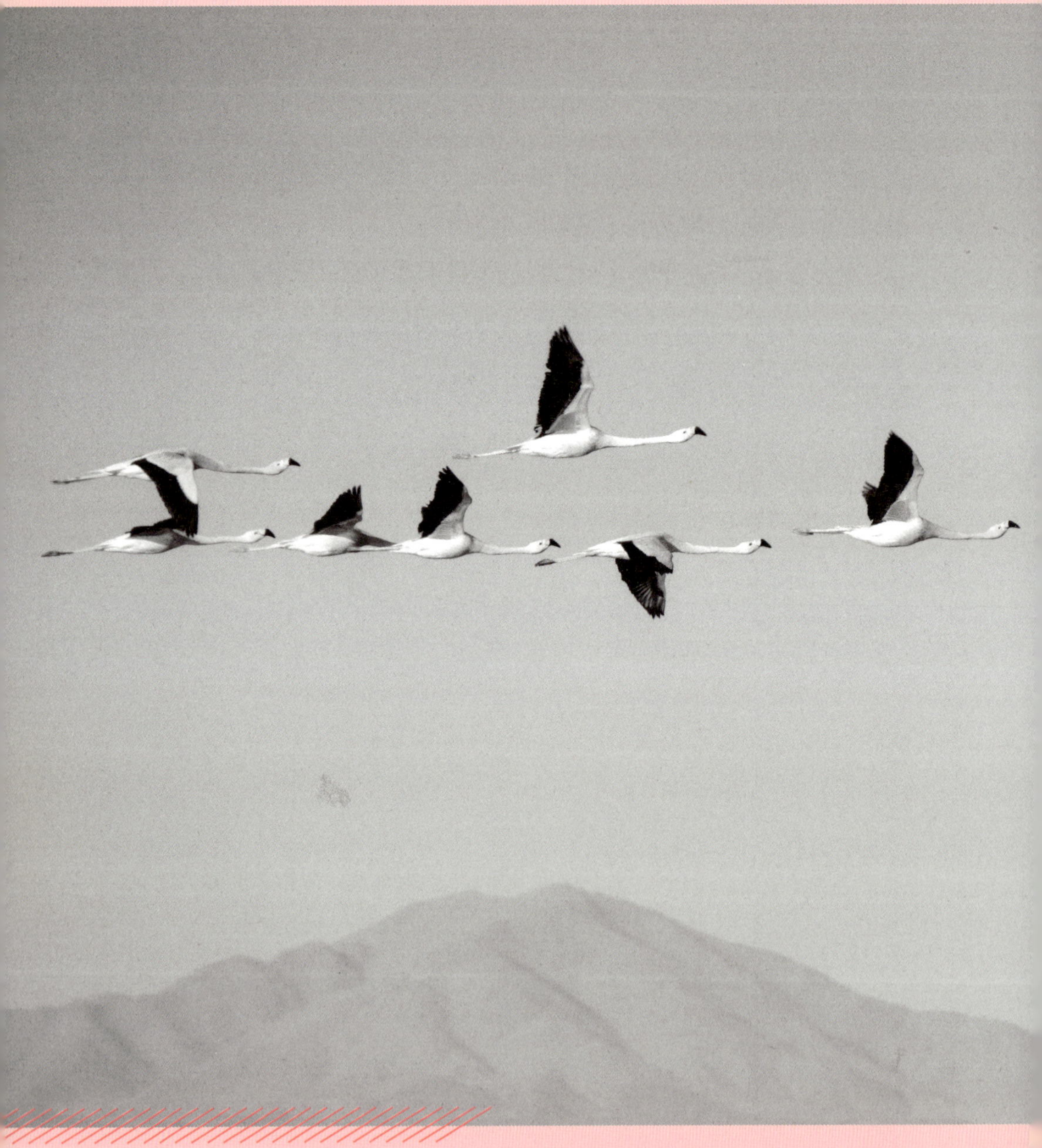

Chapter 2

致自己
做勇敢的女人，
不做完美的女人

因为想要被珍惜，被善待，
才更需要给自己积蓄资本和底气，
比任何人都应该好好爱护自己。

文●卡西

在婚姻里
越来越美的女子

> 温柔，善良，做事得体，
> 不与人争，更不对邻里说三道四，
> 习惯发现别人的优点，最重要的是，不抱怨。

无论在育儿论坛、母婴圈，还是在已婚女人们的现实聚会里，永恒不变的话题之一就是家长里短的抱怨。

A说：我婆婆总是用我的面膜，她那么有钱怎么不自己去买呢？虽然她也帮我看孩子买菜做饭，但用我面膜就不合适了吧？

B说：我老公成天出去应酬，也不知道陪我。唉，孩子不听话，这个家还怎么过啊？

C说：今天太热了，好晒啊，这里的菜真难吃，环境也不好，就是没钱啊，有钱我才不来这种小店吃饭。

D说：我老公嫌弃我胖了，天知道没结婚以前我身材有多好。

他当初不是说不嫌弃吗，怎么现在又拿这个来说事儿？

抱怨，已经成为女人们的利器，或者说——戾气。

在她对现状失望的时候，在她得不到想要的温存和经济条件的时候，在她认为男人应该能挣到很多钱也能随时有空陪她环游世界，然而她的男人却好像永远都做不到的时候。

她就会不满。

她要倾诉、发泄，要寻找突破口，以表达她对他的不满。她的初衷其实是督促他改正，然而他还没改正，她已经成了他眼中的泼妇。

于是，恶性循环，她失望的次数越来越多，仿佛只能活在自己的不满里；仿佛他变了个人一样，与婚前的承诺严重偏离。他也开始厌恶她，完全记不起当初为什么娶了一位这样固执的女人，成天指责自己的男人。

女人开始哭天喊地，为什么你要这样对待我？

他为什么不能这样对待你？

毕竟，是你先放弃自己的。

你积攒了太多的不满，他所有的缺点都被你无限放大，你觉得自己不能忍，你一遍遍不厌其烦地告诉他：我对你如何如何好，你对我如何如何差。

你指责的时候，像极了祥林嫂，不断重复自己所受的委屈，活成了一个怨妇的状态。

容颜总是会随着经历和年龄而改变的，你再照镜子的时候，有没有发现自己变丑了？

Chapter 2

一边羡慕着年轻姑娘的朝气和身材,一边在大妈和黄脸婆之间穿梭不已;

一边为七大姑八大姨的琐事苦恼,一边又懒得经营好每一段关系;

一边嫉妒着人家驻颜有术,一边面膜都不敷一个,还安慰自己"儿不嫌母丑"。

你怎么漂亮得起来?

同事琳琳,年过三十,是一个四岁孩子的母亲。

魅力却分毫未减。

她健身、插花、读书、写字、做好吃的饭菜;言谈举止,一片温和。她的丈夫对她宠爱有加,两个人婚姻六年,仍旧有说不完的话。

我从未听到她说自己老公的不是,多是夸赞,先生挣了些外快,她很开心地说就知道他有这个能力;婆婆帮忙带孩子,她会跟我们说那么大年纪了还要看护孙女实在辛苦;买东西从来都是双份,母亲和婆婆谁的也不少;公司组织活动,我们抱怨太热了,太累了,只有她很有兴致地拍风景,还研究路边的花叫什么名字。

部门的几个人同时报名了健身班,我们三天打鱼两天晒网,她却每周必去三天,绝不松懈。

琳琳的柴米油盐是真正的诗词歌赋,不计较,也不空谈;该减肥就减肥,该健身就健身,她这种心态,就是不抱怨的典型。她十分善于发现别人的优点并放大，常存善念。

心态平和的女子拥有最强大的力量，这让她气质越来越好，这才是真正的内外兼修。

琳琳很美，内外皆是。

女子越来越丑的原因是不同的：有的人将所有希望寄托在男人身上，得不到想要的回应就一哭二闹三上吊；有的人因为婆媳矛盾而大打出手，放言婆婆是一个不该存在的存在；有的人沉溺于懒惰中，脸都不洗，还美其名曰是为了看孩子，没时间；有的人只知道背后议论人，把人家的悲伤当作饭后茶余的谈资。

女子越来越美的原因却是同样的：温柔，善良，做事得体，不与人争，更不对邻里说三道四，习惯发现别人的优点，最重要的是，不抱怨。

除了让你变丑以外，抱怨是最大的无用功。

你需要把心思用在正地方，格局再放大一点。你需要勤快点，别做懒虫，不起床、不锻炼，除了腰间的赘肉，不会给你带来什么益处。你还需要心态好一点，早一点弄清楚生活的真谛。

尘世家庭，需要用心经营。

人间烟火，努力尝好其中滋味。

别变成一个长舌妇，要做一个优雅的女人。

文●陶瓷兔子

你是个好姑娘，
你今天真漂亮

> 只有对自己足够好，
> 才能在被伤害的时候认真而体面地给自己安慰；
> 在被质疑的时候挺直脊背，用实力证明自己。

— 1 —

每天早上七点的班车上，夏子是我近乎固定的邻座。

日复一日好几个月，我已经习惯了在睡意蒙眬中听她努力压低声音背英语，像一只小兔子一样坐着，后背绷得直直的，目光炯炯地盯着手中的课本，插着耳机嘴里念念有词。看着她手中的书由"新概念三"换成了"新概念四"，每一本上都写着密密麻麻的笔记，而她念的课文也终于从最初的磕磕巴巴逐渐流利起来。

"不是早就转正了吗，小姑娘家家的怎么这么拼？"她在实习期的时候，基本上我每晚八九点都还会收到她的邮件；每天到办公室也总是第一眼就看见她，在电脑前正襟危坐，一丝不苟地调整着PPT的色度和字号。

"就因为我是个姑娘啊。"她几乎没有犹豫地回答我，"我想赶快让自己变得更优秀一点，这样才能坐到更高的职位，挣更多的钱。"

我对她毫不掩饰的野心暗自称赞。

她垂下眼睑，又补充一句："女生在职场上本来竞争力就比较弱，所以我才要更努力啊。反正我还年轻，又没负担又有时间。"

那样年轻的脸庞映着层层摇曳的树影和清晨澄澈的阳光，像是一朵迎光而立的向日葵。

夏子的家乡在并不富裕的偏远山村，那里有两三个孩子的家庭比比皆是，可是经济条件又不允许供养每个孩子都去上学，有的家庭用抓阄，有的家庭按成绩，有的家里干脆就按男女来决定。

"我从小就知道，要是成绩不够好，爸妈肯定就不会让我去上学了。"她说，"村里人都说，女孩读书有什么用啊，一上高中肯定成绩就不如男孩了。所以我不仅要比哥哥、弟弟考得好，好一点还不够，一定要好很多才可以。"

在那个本来就重男轻女的村庄和全家人都认为"女孩子读书有什么用"的舆论中，她清楚地知道，自己一旦被剥夺了学习的机会，就只能和邻居家的小姐姐一样，年纪轻轻就被农活累弯了腰，然后在十几岁时，像交易一样，嫁给一个谈吐粗鄙、形象猥琐的男人。

像是一颗颤巍巍的露珠，还没看见过朝阳，就被晨风吹进了尘埃，滚出一身泥泞的肮脏。

"我想要证明自己能行，"夏子说，"虽然我知道这个社会依然是由男性主导着，可我还是想通过自己的努力，过自己向往的生活。"

"姐姐，你听过那个猎狗追兔子的故事吗？"她问我，"我就是那个为了生命奔跑的兔子，虽然辛苦，但是值得。"

— 2 —

我有一位工作狂女友，在结束长达两年的恋情后，某天深夜给我发微信说："我还是觉得好难过，给自己请了两周假去韩国旅游了，下周见。"

"你一个人还是不要出远门了吧，神情恍惚心神不定的，万一被拐带跑了怎么办？"

她在电话那头轻声地笑了一下："你放心，我已经失去他了，绝对不会再把自己搭进去了。我报的是正规的旅行团，选的酒店也是五星的。晚上9点之前一定会回到酒店，不会一个人独自到偏僻的地方行动。"

两周之后在机场接她回来，她精神饱满、神采奕奕，手上提满大包小包，一改之前的颓然和懊丧，一边给大家分发着纪念品，一边兴高采烈地讲述着旅途中的见闻。

"你这看上去哪像是失恋的样子啊？"有人感慨。

"失恋应该什么样？"她反问，"一定要歇斯底里、以泪洗面，用劣质的食物填充自己的胃，在路边摊买醉，惨上加惨，让自己伤上加伤，然后带着一张憔悴脸让全世界同情吗？"

"我们女人啊，天生就容易动情又难以自拔，容易想不开，容易一冲动就折磨自己，我承认。"她说，"可是就算要折磨自己，也得选一个最体面最舒适的方式啊。都已经被别人伤害了，再不好好善待自己，那我把自己当成什么了？"

我无比深爱她的这句话。

- 3 -

相信每个人都听过类似的话：

"你负责花容月貌就行了，养家糊口是男人的事儿。"

"女孩子努力有什么用，给自己找个好老公比什么都强。"

"女孩子有野心不好，这毕竟是个男权社会，女人再拼，有一天还不是要洗手做羹汤？"

而我是从周围的姑娘们身上得出结论后，才开始相信：

努力、野心和坚持，对于姑娘的意义，是不一样的。

不只是年少气盛无所释放的斗志，或是一句挂在嘴上喊喊、三天打鱼两天晒网的漂亮口号，也不是用来标榜自己是多么上进，多么优秀，多么与众不同。

它更像是一种生活态度，一种只属于姑娘的生活态度。

因为是个姑娘，所以要更加努力。在这个骨子里依旧由男权统治的社会，用实力而不是抱怨为自己争取应得的尊重和自由，按照自己想要的方式生活，而不是活在他人预设好的轨迹里。

因为是个姑娘，所以更害怕伤害，害怕流言蜚语，害怕陷入一场错爱无法脱身。就是因为想要被珍惜、被善待，才更需要给自己积蓄资本和底气，比任何人都应该好好爱护自己。

只有对自己足够好，才能在被伤害的时候认真而体面地给自己安慰；在被质疑的时候挺直脊背，用实力证明自己。

比柳絮更柔软，又比钢铁更坚强。

姑娘的努力，从来都不只是做做样子而已。

我喜欢的东西，我自己可以买。我不喜欢的人，我也随时有资本离开。

要姿态好看地活着，要学会装点自己的生活，坚持健身，爱上阅读，学会化妆，让自己变成一个精致又有内涵的人。自信又平等地站在心上人的身边，听他诚意满满地称赞一句：

你是个好姑娘，你今天真漂亮。

文 ● 入江之鲸

你一辈子也不会变成女神的

> 不是你不美，而是你觉得自己不够美。
> 不是你不好，而是你觉得自己不够好。

— 1 —

据不可靠估计，有 80% 的女生（无论胖瘦）觉得自己胖。

闺蜜 CC，天生锥子脸、小蛮腰，166 厘米的身高，体重从来没上过三位数，却总是自嘲已经胖出天际，连午餐多吃了几块压根儿不会发胖的三文鱼刺身，都会罪恶感十足，焦虑一整天，以不吃晚餐来惩罚自己。

另一个朋友，本来就已经是巴掌脸了，还一直心心念念着要打瘦脸针。面诊时，医生说："你咬肌不大，脸也挺瘦的，不用打了。"她一直不高兴到今天。

还有一个小女孩，不满意自己额头太平，从腿上抽脂往太阳穴上填，花了钱，受了苦，忍着疼，跛着脚回家。拍毕业照时，身边同学没一个看出她微整了，她差点没当场气哭。

体重一百斤有余的姑娘们，看到这些腿细成筷子的小妖精还嚷嚷着自己"月半"，恨得牙痒痒，心里八成已经不屑地腹诽道：切！装什么装！

说真的，真不是装。十个女孩子里有八个对自己的身材不满意。

身材要好成什么样才能满意呢？最好像商场巨幅海报上的维密超模一样：美胸玉臀迷人眼，长腿细腰摄人魂。

姑娘们，这是长期健身、饮食控制外加 PS 大法才能达到的效果啊。

- 2 -

女孩子总是觉得自己还不够美，还不够女神。胖的觉得自己不够瘦，瘦的觉得自己不够高，高的觉得自己不够有"胸器"……

现在，"女神"这个词被叫得跟"翠花"一样普遍，可是没有几个女生真觉得自己是女神。

公认的女神郑爽，清纯得可以掐出水来的容貌，她还是"不自信"，觉得自己不够美，义无反顾去整容，反倒失去了自己的特色。好好的一个水灵小姑娘，从此被媒体打上了"整容变残"的烙印。

不仅如此，爽妹子和大多数小姑娘一样，对自己的身材不满意，还在贴吧上记录自己的魔鬼瘦身日记，身高 168 厘米的她要求自己瘦到 75 斤。后来，她被传瘦到皮包骨，瘦出厌食症。

说真的，一直疯狂减肥的她，从来没胖过啊……

- 3 -

"我还不够美。"

你对自己说。

若是通过健身等不伤害身体的方法塑形其实也挺好的，怕就怕你急功近利，一个星期只吃苹果、香蕉，还去美容院注射肉毒素。

刚从手术台下来的时候，你泪流满面哭着说再也不要整容了。可没过多久，你又觉得不够尖的下巴配不上你刚隆过的鼻子。

即使痛苦，你还是上瘾了，玻尿酸一管一管地注射，每年定期去保修；为了一张脸，如流水般花钱。

无论怎么整，你永远不会对自己百分百满意的。

你永远也成不了你心中的女神了。

不是你不美，而是你觉得自己不够美。

不是你不好，而是你觉得自己不够好。

人总是很难给自己打一百分的。

你羡慕的女神，或许也在为她额头上新长出的一颗痘烦恼呢。

- 4 -

说真的，你该整的不是你的脸，而是你的心。

你该好好修整修整那颗总是否定自己、责备自己、厌恶自己，

Chapter 2

总是对自己说"你还不够好"的心。

你已经够好了啊。

总觉得自己不好,哪怕你把自己整成了连偶像都喜欢的网红脸,你也会有很多理由对自己不满意:

"我太土气,不会穿衣服。"

"我不懂音乐、不懂美术。"

"我不会古筝、不会钢琴。"

"我来自四线城市。"

"我没出过国。"

"我不懂奢侈品。"

……

"我还不够好。"

这都是心魔。

痛苦的根源不在于你胖或者瘦,高或者矮,美或者丑,而在于你没能好好地接纳自己。

长大的标志之一,是和自己达成和解。

你要学会对自己说"你已经够好了"。

你要懂得悦纳自己,懂得和自己做朋友。

有时候,我们对自己比对朋友还凶残。起码遇见眼睛不够大的朋友,我们不会要求别人立刻去医院开眼角,对吧?

- 5 -

几年前，我喜欢的男生评价我"白玉微瑕"，我为此暗生了一场闷气。我心想，怎么就"微瑕"了啊？为什么我不能做到"无瑕"呢？

如今再回过头来看，觉得当初的自己太傻气，只看到那一点瑕疵，却全然忽视了一块大好的美玉。

现在想来，那个觉得你白玉微瑕的人，或许才是真正地了解你吧。

把你供为女神、觉得你完美无瑕的人，总有一天会失望地发现你脸上的小小雀斑、心里的小小暴躁的。

而那个看出你的小瑕疵也不妨碍他喜欢你的人，才是所谓的"相知"吧。

如何才能变成自己心里的女神？

当你心里有一个声音对自己说"我还不够好"时，你站在镜前，笃定地回答她："你已经够好了。"

如何才能成为他心里的女神？

当你说"我还不够好"时，他站在你面前，温柔地回答你："你已经够好了。"

愿你做自己的女神，也能找到把你当女神的爱人。

文 • superpoo

别摸了，
你买不起

> 亲爱的，
> 用我们勤劳的双手，踏踏实实挣钱，
> 然后，光明磊落地好好爱它吧。

- 1 -

听我朋友说，有一天她在西单购物，在一家店淘到一条爱不释手的裙子。由于价格不菲，她站在店里思索了好一会儿到底要不要把裙子买下。

没等她做出决断，旁边的导购率先发话：

"别再摸来摸去了，这条裙子是限量款，你买不起的。"

呀，这不是明摆着看不起人嘛。天气炎热加上心火旺盛，正当我朋友的一腔怒气冲到嗓子眼，准备和导购好好理论一番之际，想到现在的她花个上万块钱买条裙子，确实有点吃不消，于是她自个可怜巴巴地把内心熊熊燃烧的愤懑之火强行扑灭，拎着包匆匆离开。导购员说话直，但话糙理不糙啊。

她说，要是她足够有钱，当场把几百张钞票狠狠地砸在那人脸上，告诉她千万不要轻易给别人贴标签。

罗兰·巴特说，最好的生活，是有一定的地位，大量的时间，当然，还要有充足的钱。

每个人对理想生活的定义有所不同，但没有人能够否认，钱这东西，实在是太重要了。

- 2 -

我自己不算特别有钱，但是由于职业关系，平常跟人打交道比较多，认识一些阔绰十足的人。

他们每天开着法拉利或保时捷一类的豪车上下班，手腕上戴的是卡地亚 SANTOS 系列或积家 Reverso 系列这类的名贵手表，穿着搭配光彩照人，举手投足尽显气质。

他们的家里大多雇有一两个保姆，他们不用亲力亲为擦拭阳台上的灰尘，不用为家庭聚会之后的杯盘狼藉感到烦忧。

他们可以在闲暇时光到任何想去的地方度假旅行，用高端配置的数码相机定格下每一个让人流连忘返的瞬间。世界那么大，他们有资本看个遍。

电影《真情假爱》里，玛丽莲与迈尔斯的感情饱经曲折，在两人结为夫妻之后，迈尔斯问玛丽莲是不是因为钱才选择嫁给他，玛丽莲斩钉截铁地回答：

"我并不爱钱，但我知道钱能带来独立和自由，我喜欢的是独立和自由的生活。"

亦舒说过：有钱最大的用途，是使我们比普通人更像一个普通人；不必抛头露面，换取最大的自由。

只有实现物质丰绰，才能实现生活自由。想要买的东西，想要去的远方，用几沓钞票就能解决；厌倦做的苦力活儿，被不情愿做的事绑架，有了钱你就可以轻松自如地打破这层枷锁。

- 3 -

两年前，因为公司所处地段房租太贵，我在临近郊区的一栋单元楼里租了个单间，以此省钱。

有形的花费是少了，但无形之中浪费了我更多宝贵的资源。

我每天得徒步走三公里左右的路程去搭地铁，赶上地铁后，又得颠簸两个小时才能到公司。

这样一个来回，一天花在路上的时间就有五六个小时。

用这些时间，我可以迎着朝阳跑半个小时的步；好好给自己做一顿干净营养的早餐；和朋友们高谈论阔，聊人生谈梦想。

可是被没钱拘泥，我只能按部就班，继续做着这些没有实质意义的事情。

游戏即人生。你夜以继日辛辛苦苦地打怪升级，只为早日升级获得新生，却不如有钱人一挥指，充满游戏币自动满血。

别人可以用你熬过的那些个日夜，睡多少个安稳觉为身体积蓄能量，做多少件更有价值的事情争取更大的成功。

经济学里有个概念叫作"机会成本"：为了得到某种东西而要放弃另一些东西的最大价值。

你可以用头等舱的机票代替路程十几个小时的火车硬座；可以请个家政阿姨打扫自家卫生，洗衣做饭；可以用 MacBook Air 取代你原来那台卡到掉渣的笔记本。然后，利用这些因为省钱而浪费掉的时间工作、旅游，做其他高价值属性的事情。

比吞噬掉钱更可怕的，是吞噬你精力的东西。钱，买到的是时间，是生命。

- 4 -

十五岁那年的生日，我至今记忆犹新。

那时候，家里出了点意外情况，本来还算小康水平的我家，财政状况急转直下，欠下了不少外债。爸妈都为还钱一筹莫展，所以我也不敢跟家里多要钱，即便是生日这个一年只有一天的日子。

有心留意我生日的同学围在我身边祝我生日快乐，因为害怕要请客吃饭，我连忙摇头说是他们记错日子了，怕他们再多过问，一整天我都躲着人走。

那天，在沉寂的深巷尽头，我找到一家路边摊。昏黄的灯光之下，只有我和摊主两个人的身影。

大爷已经在收拾东西准备收摊，我点了碗热气腾腾的长寿面默默吃完。夜色笼罩之下，我第一次感悟到钱的重要性。

《边城》中，翠翠目不转睛地盯着另一个姑娘腕上的银镯，倍感失落，在水边自怨自艾。

爷爷因为拿不出像样的嫁妆，在和顺顺谈到与翠翠婚事的时候，畏手畏脚，底气不足。

有了钱，在治疗花钱如流水的重病时，能够拍拍胸脯轻松承担；有了钱，在面对因经济不景气而导致的失业时，能够不为生计担忧；有了钱，在与业界名流共处一室时，能够谈笑自如不被他人气势压倒。

富兰克林讲过一句话，口袋空空的人直不起腰。有了钱，也就有了生存的底气。

— 5 —

有很多读者咨询过我，人力资源部门通知他们去现场面试，可惜公司在异地，到底该不该去这样的问题。

除了给他们提供一些个人的建议外，其实我想说，你不得不承认，过度为这个问题犹豫的人，只是没有那么多的试错成本。

如果家境够殷实的话，只需要注意路途安全便是。即使去了没有面试上，也不过两张机票的钱；面试上了，则锦上添花，人生从此更上一层楼。

而本身家境就较为贫穷拮据的同学，考虑更多的是，如果到头来没面试上，那路费不就白搭了？

对此难得的机会，穷人不得不左顾右虑，正因为如此，他们屡屡错过原本值得一搏的希望和未来。

Twitter 创始人 Biz Stone 曾经说过：

对我来说，金钱最重要的意义在于，它能帮助我打消我一生中最大的焦虑。

富人有充足的资源缓冲失败带来的打击，不易陷入一城之得失，反而有更多的时间和空间去解决问题。而穷人，在奔赴"战场"时，首先要考虑的便是路费这么骨感的现实，以至于结果往往不那么完美。

如果有钱，大可买下所有口味的冰激凌，找出其中最合心意的口味；如果有钱，你可以去做你喜欢的事，不用担心做不成；如果有钱，你可以将顾虑抛在脑后，双眼看到的，条条都是路。

- 6 -

《情人》里面有这样一段话。

他问：那你怎么办？

我告诉他：反正我在外面，不在家里，贫穷已经把一家四壁推倒摧毁，一家人已经被赶出门外，谁要怎么办就怎么办。胡作非为，放荡胡来，这就是这个家庭。

穷，确实给我们的生活带来了不少困扰。

因为穷，你的一举一动都极有可能受条条框框限制；

因为穷，你比别人走了更多的路，浪费了更多资源；

因为穷，你没有底气，承受着求人的痛楚；

因为穷，你不敢尝试心之所想，即便这件事你向往了很久。

这些人生的挡路石，用钱就可以轰炸掉大多数。

活在现实里，我们永远也不要对钱嫉恶如仇，我们要做的，是努力去拥有它、得到它，而不是等到在商场挑到自己的心爱之物时，发觉两手空空，扭头就走。

所以亲爱的，用我们勤劳的双手，踏踏实实挣钱，然后，光明磊落地好好享受它吧。

文 ● 一鸣

一线之差，
一念之间

> 如果你一直努力却不见起色，
> 不妨试试放下对成败的执着，
> 用感恩乐观的心态去面对得失，
> 看看生活会给你一份怎样的惊喜。

不可否认，现在是一个神奇而又令人纠结的时代。它的神奇在于人人都有可能成功，而它的纠结在于不可能人人都成功。在这样的环境氛围里，有一种想法常常不怀好意地把我们推进焦虑不安之中："我不比他差，凭什么他能取得成绩而我不能？"

在我写文章的过程中，这种想法也常常带给我困扰。

我曾在简书上写过一部反响不错的中篇小说，作品完结之后我信心满满地向某个阅读平台投稿，没想到半天时间之内就被拒稿。当时我很郁闷，也很不理解："我的作品明明很有趣啊，为什么不收？"那段时间我的心态比较急躁，并没有在自己身上找原因。几个月之后，待我的心境平静下来，我又重新看了一遍这部作品，我发现其中有些地方处理得并不好。我把这些问题修正了之后又投了一次，这一次就顺利通过了。

这一次投稿让我意识到，有时候成败只是一线之差。

在成为简书官方专题编辑之后，我常常纠结于某一篇文章该收录还是该拒稿：收吧，文章的质量不算特别好；拒吧，也不太忍心，看得出作者为了写这篇文章还是花了不少心思。在跟其他专题主编的交流中发现大家都会有同样的困惑，而这一类文章的去留往往就是看第一感觉，也就是说，有时候一篇文章收不收就在一念之间。

从这两件小事联想一下，其实成功真的很讲究运气，成败往往就取决于自身实力的"一线之差"，以及决策一方的"一念之间"。而这两个因素往往不是独立起作用，它们还会互相影响，导致变数更多，结果更难预料。

我并不相信成功是可以复制的。正如上述所言，成功其实是偶然事件，很多时候更是一系列偶然事件串联在一起的结果。在这过程中任何一个环节出了差错都会导致失败。所以从结果倒推出的所谓成功模式并不可靠，即便拥有相同的资源和环境，不同的人会做出不同的决策，所导致的最终结果也会千差万别。而更残酷的现实是，大众往往只认可某领域里的第一位成功者，后面的人哪怕做得更好也难以获得他们的认同。

成功是不可控的，失败是正常的现象。

- 2 -

从上面的结论中很自然地引申出一个问题：既然成功是不可控的，那么努力坚持还有没有意义？

当然有！

在我看来成功是一个概率上的问题，通过自身努力可以提高这个概率的数值。10% 的概率里也有人成功，90% 的概率里也会有人失败，我们不能保证结果，但至少可以争取多一些机会。

经历过几年的创作以及一段时间的专题编辑，我发现文章的质量在某种程度上是可以量化的，比如标点使用是否规范，分段长度是否合理，用词用字是否准确……一篇文章能不能通过投稿是有一些参考依据的，如果某些指标明显达不到，那么拒稿的可能就会相当大。

其实不光是写作，在其他领域都有自身的规则和合格线。努力的意义在于了解这些规则，并尽早达到合格线。有时候这些规则没有人能告诉你，只能靠自己去摸索。像我自己就是这样，之前习惯了略带压抑的文风，写了多部作品也一直不见起色。有一天突然想通，决定写一些欢乐风格的作品，后来的作品反响就明显比以前的要好。我感觉自己以前就是在合格线之下徘徊不前，在那种状态之下，哪怕再写十部类似的作品也难见成效。常听到这样的说法："方向不对，再努力也没有用。"事实就是这样。但不要因此嘲笑那些在迷茫中努力探索着的人，如果不努力坚持，他们连方向都找不到；而一旦方向找对了，先前积累下来的经验会助他们飞速提升。

常有作者朋友对我说："主编，我明明已经很努力了，可为什么我写的文章点击量还是那么低，谁谁的点击量高我几十倍？"问出这种问题的常常是那些刚写作没多久的新人，而他们羡慕的人是那些长期写作的高手。新手跟高手根本没有可比性，有些差距是短期努力无法拉近的，这种比较只会自寻烦恼。

我们的焦虑往往来源于对自己关注太少，而对别人关注太多。

- 3 -

"一线之差"跟自身实力相关，在这方面至少努力坚持可以起到一定的可控性。那么决策方的"一念之间"，我们是不是完全没有办法影响和操控呢？

我的意见是：你不去给自己添乱就好了。

在写文不见起色的那段日子里，我的心情常常焦躁不安。投稿后要是没有回复，就会急迫地去追问，有时候言语里不自觉地带着质问的口吻。结果是编辑要么不回复，要么回复过来的也不是什么好话，投出去的稿子自然也就石沉大海了。

现在想起来，其实我可能不止一次把自己逼向绝境。特别是后来当了专题主编之后，面对一些急于获得答复的作者，我总是会想起当初那个同样焦急的自己。虽然我非常理解这种心情，但我也确实体会到这种焦躁情绪会令人很不舒服，往往让"一念之间"往坏的方向发展。

几年前，我曾追求过一位姑娘，因为急于求成，给对方造成了压力，结果被发了"好人卡"[①]。后来有一次跟她网上聊天，她提到已经找到了男朋友，他们之间确定关系的过程非常平淡，只是在某个情景触动之下姑娘就动了心。我假装用开玩笑的口吻问她："这样的事情我也做过，怎么不见你动心？"她也用开玩笑的口吻回复："如果你当时不是逼得我这么紧，说不定我也会动心的。"看到这句话的时候我真有点哭笑不得。

越着急越容易失败，越是失败又越着急，这是一个恶性循环。在生活中我多次验证了这样的规律，而在写作过程里，这样的体验尤为深刻。有一个时期我因为一再尝试无果而患上了焦虑症。在对抗焦虑症的那段日子里，我意识到情绪管理的重要性，开始有意识地控制自己的情绪，尽量不去想成败的影响，让自己的心境慢慢平静下来。焦虑症很快就好转了，而在心情平静之后，我也才发现了之前所说的那一部作品的问题，修改过后再投稿就通过了。

在我焦虑不安的时候，我觉得整个世界都跟自己过不去，不管我做什么都会遭到阻挠；而当我尝试跟世界和解之后，发现很多事情并不是想象中那么难。其实之前的阻挠都是来源于自己的焦躁，是我跟自己过不去。

---

① 被发了"好人卡"：被心仪的对象拒绝了的意思。

现在我的心态平和了很多，我不再执著于得不到而焦躁，而是对任何有益的改变心怀感恩。

以前我常常看到某些成功人士告诫大家要学会感恩，那时候我并不明白，感恩只是一种心理活动，它能给人带来什么实质性的提高，又能为成功带来什么促进效应？

现在我总算懂了，感恩能让人处于一种善意的气氛中，不会散发出令人难受的压迫感，让事情自然运转就好了，该来的总会来。

有些事情如果被人一再提及，那么必定有其合理之处。如果你一直努力却不见起色，不妨试试放下对成败的执著，用感恩乐观的心态去面对得失，看看生活会给你一份怎样的惊喜。

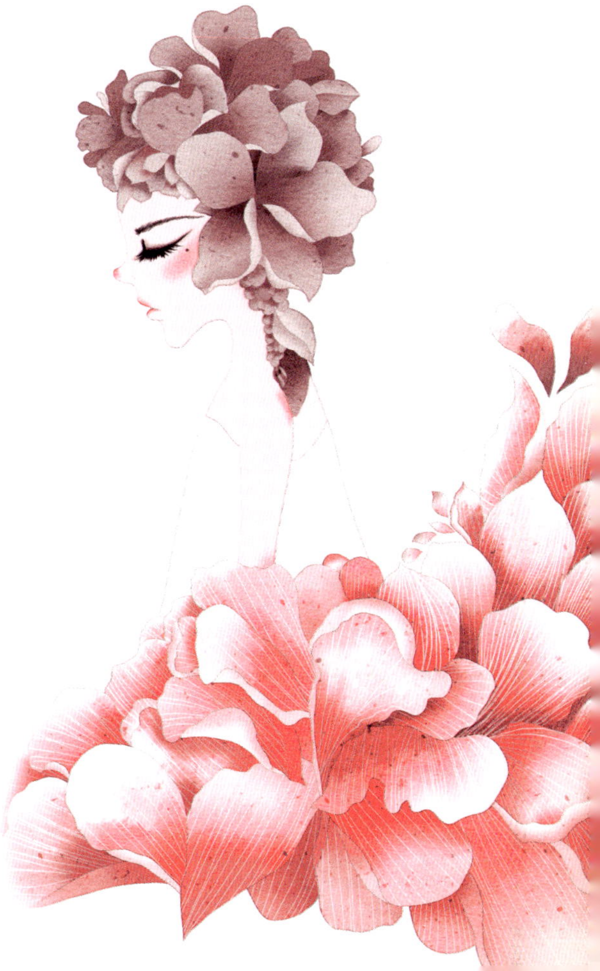

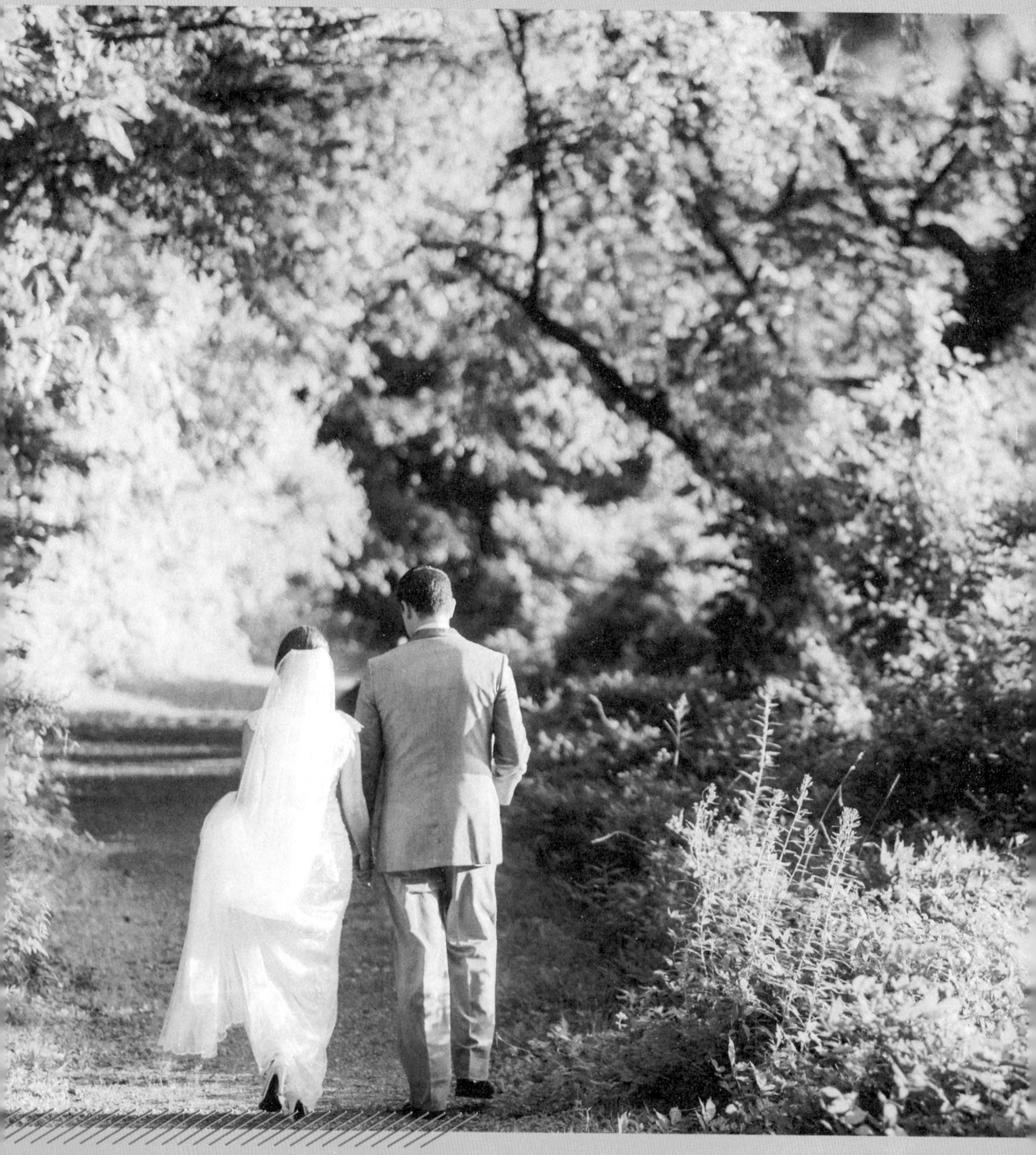

Chapter 3

致爱情

你来之前，勇敢拥抱孤独；
你来之后，勇敢去爱

真正的爱情，
一切都是水到渠成，
哪有那么多蜿蜒曲折，
幽暗丛生。

文 ● 廖玮雯

爱在此时此刻，
不在一辈子

> 或许，不经意间，
> 就此携手一生。

很多女孩会有这样一个期望：能够找一个爱自己一辈子的人。

那么，找一个爱自己一辈子的人，现实吗？可能吗？

我们祝福新婚夫妇，会说，白头偕老，永结同心。一部童话结束之时常常会说："王子和公主从此过着幸福快乐的日子。"

或者我们现在常说：谈一场不分手的恋爱。

这说明，对于一对情侣或者夫妇，我们普遍期望他们的爱情和这段关系可以长长久久、和和美美。

一般说来，对于这个问题，会有两种解答：

一是依然对爱情怀有美好的期待，相信自己能够找到那样一个命中注定的人。

一如紫霞仙子："我知道有一天他会在一个万众瞩目的情况下出现，身披金甲圣衣，脚踏七彩云来娶我！"可惜朱茵和周星驰的恋情不了了之，其中婉转波折，我们不得而知，但终究是散了。

后来，朱茵遇到 Beyond 乐队吉他手黄贯中，两人情投意合，黄贯中更被誉为"晒妻狂魔"；似乎，她终于觅得良人，安度此生。从这个角度看，周星驰并不是朱茵此生那个脚踏七彩祥云来迎娶她的人，黄贯中才是。但是，沉浸在恋情中的人，谁又能够确定，眼前这个人就是那个一生一世的人呢？

只有当走到最后，或者是中途离散，才能知道结局吧。

所以，面对咨询爱情困惑的人，他们说：我只是想找个可以陪我过一辈子的人，这样的要求真的太高吗？

在回答这个问题前，我们来看看另一种解答。

二是对于爱情放弃期待，觉得感情无所谓，男人（女人）靠不住，两个人不过是搭伙过日子而已。

通常而言，持有这个观点的人，都在爱情"战役"中严重受过挫，身负"情"伤，他们不再相信爱情，不再相信有人会无条件爱自己一生一世。他们或者变得冷漠而无情，或者变得暴戾而怨恨。冷漠无情的人因为伤透了心，逐渐失去了爱人与爱己的能力，对于世事变幻，人情寡淡，显得孤苦无助无能为力，对于他人难以信任，所以，也很难去开始一段新的恋情。至于因此变得暴戾怨恨的人，可能更加可怕，想想灭了陆展元一家的李莫愁吧，她成了一个被怨恨彻底摧毁的人，原本她也一如紫霞，期待陆展元会带着定情信物回来找她。

面对移情别恋，面对违背誓言，面对"不再相爱，冷漠以待"，他们对于爱情大失所望，因爱生恨，因爱生苦，他们很难再去相信有人会爱他们一辈子了。

两种解答，哪种更加接近爱情的本质呢？或者，哪种解答更有益身心，让人不至于如此痛苦呢？

第一种答案对吗？前面我说过了，不到最后一刻，你永远都无法验证，这个人究竟是否可以陪你度过此生此世。这也就是《泰坦尼克号》里露丝会怀念杰克一辈子的原因。因为杰克离世，她可以这么认为；如果杰克还在，他们就能从此过着幸福快乐的生活。

但是，现实之中，只要两个人在一起，就会有分开的可能；只要存在分开的可能，奉行"找一个人陪我一生一世"理念的人，势必就会患得患失。

当你把这种希望寄托在另一个人身上，你是无法得到平静和安宁的，因为你不知道他在未来的哪一刻会不爱你，会离开你。所以，你永远是焦虑的，也永远是索取的。

这种状态，就会给对方造成压力，会让对方觉得，他要为你的人生是否快乐、是否幸福担负责任，这个责任实在是太大了。当一个人背负不起的时候，他就会想逃跑。等到他逃了，你就会感慨，找一个爱自己一辈子的人真的好难。或许，你会开始不再相信爱情。

第二种答案对吗？既然世间了无真爱，因此有人孑然一身，修佛修道。或许，这是一种解脱，也是一种洒脱。但是，我们都是凡人，七情六欲喜乐苦悲，无可躲避，难以释然。一个内心不再有爱的人，心里就会很苦，过得也会很难。似乎，这也并非一个好的抉择。

那么，相信爱情，可能失望，可能幻灭，要冒着流眼泪的风险；不再相信爱情，可能绝望，甚至连流眼泪的能力都失去。到底应该如何是好？

我们回到上面那个观点，如果你坚持对方必须爱你一辈子，对方就会想逃；但是，如果你不去坚持这一点，那又会怎样呢？

我是说，你并不是对爱绝望，你依然爱，依然值得被爱，只是，你有能力去接受变化，不再认定执著这份爱必须一生一世、永生不变，一切又会变得怎么样呢？

当你不再这么想的时候，相守此生的情况或许就能发生了。因为你不再索取，所以你不再焦虑，只是尽情享受当下每一刻幸福的时光；你不再给对方压力，对方也不再想逃，爱在每个此时此刻，就是爱在永远。或许，不经意间，就此携手一生。

这也是"舍得"的道理，只有"舍"去那个念头，才能"得"到这个结果。

所以，再有人问，我能找到一个爱我一生一世的人吗？

我会回答：能。

那么，什么时候能呢？

当你不再有这个念头的时候。

文 ● 河边的少女喵

如果最后是你，
晚一点真的没关系

> 爱情，不过是平平凡凡我爱你，
> 真真切切我珍惜，有生之年遇见你。

真正的爱情，一切都是水到渠成，哪有那么多的蜿蜒曲折、幽暗丛生。

那个爱你的人怎么舍得你难过，那个疼你的如何甘愿任你哭。

— 1 —

年初三，我去了一趟灵儿家。

她红光满面，笑靥如花。我问她最近怎样，她笑称挺好，说着，从抽屉里拿出一个粉色信封递给我："五月办酒，来当我伴娘，捧个场。"

然后又说："坐会儿，我给你倒杯饮料。"

"不会又是可乐吧？"我打趣。

"唉，我们家老张，就爱喝可乐，整箱买。晚上看电视，我俩嗝打得一个比一个响。"她打开冰箱，转头朝我笑。

"嗯。"我点头。看着眼前这个哼着歌、即将成为新娘的女人，骨子里都冒出粉色泡泡，我心里由衷宽慰。

这一次，灵儿终于找到了真爱。

- 2 -

两年前，灵儿刚毕业，不顾家人和朋友的阻挠，只身一人奔赴上海找男友。那个年纪，果敢冲动，爱到无畏。

纵然拿着每月2000元的薪水，在繁忙的都市夹缝求生，她也甘愿留下。她总想，因为有爱，身边有他，苦一点又怎样？

可现实也一下子让她措手不及，狼狈不堪。

灵儿说，她永远也忘不了那个夜晚。

那天，她加班到半夜，下了车，在暗淡的灯光下往家走。

这时，一个醉酒的男人，从身后猛然把她抱住。这突如其来的情景像是电影中发生的一幕，让她吓破了胆，不由得拼死挣脱，高跟鞋都快被踢掉了地跑回了家。

当她惊魂未定、头发凌乱地站在男友面前，他只是敲着键盘，一脸疑惑又漫不经心地说："回来了？"

Chapter 3

眼泪夺眶而出，她冲进厕所，跌坐在地上。一切恐惧、伤心、愤懑全部倾泻而出。男友只是急躁地敲门："怎么了？你倒是说句话啊。"

那一刻，她才明白自己有多傻。背弃了父母，离家万里，追着一个陌生男人，只为那自以为是的爱情。

他只会说好听的话，买大束的玫瑰，在还没毕业的时候跟她整晚整晚地煲电话粥。

他只会说：毕业了，来找我，我养你。

那些极速膨胀的甜蜜，就像裹得满满实实的糖衣炮弹，爱情的滋味啊，在心里不断发酵。

可糖衣会失色，终究抵不过时间，原形毕露之际，已如烫手山芋，闷声炸裂，眼泪不及心碎。

她想起白天的时候，公司让她见客户，兜里只剩下十块钱，偌大的城市连个出租车都打不起。一个人跑了四个公交站，挤上拥挤的公交车，最后接洽了客户。在回来的路上，她用剩下的钱买了瓶酒，一边喝一边流泪，一边心碎一边醉。

那个口口声声说爱她的人，到底爱在了哪里？

如果这是爱的代价，也未免太沉重，生活把她的脸打得啪啪作响。

内心传来崩塌的声音：这不是我要的爱情，这不是我要的生活啊！

我们可以不富有，但不能穷太久；我们可以不懂爱，但要赤诚相待。

很久以后，灵儿才明白："感情不是说说而已，我们已过了耳听爱情的年纪。"

- 3 -

那之后，灵儿像是清醒了，分手、回家。原来，坏掉的感情，割舍起来那么简单，可以不拖沓、不犹豫分毫。

一年后，她与老张在一起了。这个从大学到现在一直在身边，却从不起眼的男人。

他们做了四年朋友，五年哥们儿，在第六年，修成正果。

如果说一段爱情，让人成长，莫过于懂得了"谁才是历经岁月沉浮后，真正爱你的人"。

老张很优秀，大学期间留学海外，回国后做了营销主管，也是机缘巧合，灵儿去了他的部门。

某个午后，她坐在我对面，搓着手："你知道吗，我连给老张的份子钱都准备好了，想着他结婚我一定包个特大的。"

过了一会儿，她眼里是散不尽的柔情：

"爱情，真的不可思议，兜兜转转，原来真爱一直在身边。"

我问老张，为何选择了让革命的友谊升华，这个二十多岁的男人，依然稚嫩的脸庞，眼里却满是坚定："灵儿对我好，她是第一个真心为我好的人，我怕错过了。"

而在灵儿口中，我分明听到了："他出门办个事，都要去饰品店给我买个首饰。他看到我喜欢的娃娃，就迫不及待拍照发给我，问我要哪个。他把我所有的少女心都唤醒了。他不让我下厨，不让我太累，他爱我，用真心待我好。"

这恩爱秀的，她却从不厌倦。

你在闹，他在笑。饭在锅里煮好，你在身边微笑。找一个懂你、爱你的人真的很重要。

灵儿说："我很自私，可对我爱的人很无私。"

老张说："这辈子哪怕背弃全世界，都要对她好。"

对的那个人，是互生欢喜，也是两个家庭的情投意合。

老张爱屋及乌，每个周末都去接灵儿的弟弟回家；灵儿孝敬婆婆，托人买好礼物；婆婆爱惜媳妇，旅游归来，送上伴手礼。

真正的爱情，一切都是水到渠成，哪有那么多蜿蜒曲折、幽暗丛生啊！当爱情升华为亲情，融化在生活和岁月里，才愈加绵长，温暖动人。

后来老张说，爱情，真的一点不复杂。当你决定跟一个人一辈子，在一起就一秒的事，却没有比这更美妙的时刻了。

- 4 -

我想起，三毛对荷西说："如果我不爱他，他是百万富翁我也不嫁；如果我爱他，他是千万富翁我也嫁。"

李小冉对徐佳宁说："今日嫁得良人，感谢当年不娶之恩。"

周公子跑完了二十一年爱情长跑，高圣远说："终于等到你，还好我没放弃。"

莫文蔚接受采访说："在 Johannes 眼中，我依然是那个十七岁的女孩。多庆幸，这么晚还能遇见他。"

陈小春对应采儿说："你不放下我，我不放下你，我想确定每日挽住同样一双手臂。"

- 5 -

我们这一生，总要遇见了很多人，走过很多路，才明白山盟海誓抵不过柴米油盐。

总要尝遍了酸甜苦辣、人间百味，才知道自己心心念念、最牵挂的是哪种味道。

总要翻越了崇山峻岭，历经层层阻碍，才看到眼前得之不易的声色光影。

总要兜兜转转、来来回回才明白："惊艳了时光"如绚烂烟花稍纵即逝，"温柔了岁月"才是悠悠潺潺共此长。

一路上，遇见那么多，错过那么多，也曾伤心流泪，铠甲锋芒。而现在所有的努力，只愿换作遇到你的契机。

爱情，不过是平平凡凡我爱你，真真切切我珍惜，有生之年遇见你。

多想说，已经等了那么久。

如果最后是你，晚一点真的没关系。

如果最后是你，晚一点我很愿意。

– 6 –

这世上，一定有一个很爱你的人。

他会穿越最汹涌的人群，怀着一颗用力跳动的心走向你。他会捧着满腔的热和目光里沉甸甸的爱，抓紧你。他会抵达你心里的孤岛，深情一眼，挚爱万年。

终有一天，找到你。

你说，人山人海，边走边爱，怕什么孤单；我说，人潮汹涌，都不是你，该怎么将就。

唯愿每一个姑娘，最后都嫁给爱情。

"无论将来贫穷还是富有，身体健康或不适，我都愿意和你永远在一起。"

执子之手，与子偕老。道一声，余生，请多指教。

因为真爱，值得等待。

文 • 修行的猫

你未来的蓝图里，没有我

> 你未来的蓝图里，也许已经没有我；
> 但是，我未来的蓝图里，满满的都是你！

小沫是我的同事，她是个素雅的姑娘。工作之余，读书、插花、品茶、练瑜伽。

我认识小沫时，她还没有男朋友。二十六岁、气质若兰的姑娘，身边不乏追求者。

不过小沫同学不改自己的高冷范儿，生生地拒绝了那几个翩翩少年。作为旁观者的我，已然心痛不已。

我们单位的大姐，实在是不解风情，硬是要把她远房的侄子介绍给小沫。还说她侄子和小沫是一个县城的，俩人离得近，风俗习惯都一致，又是郎才女貌，再合适不过了。

小沫实在抹不开面子，就应了下来。

Chapter 3

地点定在公司附近的茶餐厅里。那天是周五，下班后，小沫换下工服，穿了一条米色的连衣裙，散着头发，脚穿一双球鞋。懒懒地进了茶餐厅，大姐在窗边大老远地就向小沫招手。她朝大姐的方向望去，带黑框眼镜的男生腼腆地朝她笑了笑，小沫怔了一下，这个笑容好熟悉啊，好像在哪里见过。

男生呼地站了起来，说，嘿，泡沫，原来是你啊！

蚯蚓，你就是大姐的侄子吗？小沫眼睛瞪得圆圆的，不可置信。

然后，俩人大笑了起来。

大姐看了看他俩，开心地说，既然你俩认识，那我就先走了哈，好好聊，我可等着好消息呢……

原来，大姐给小沫介绍的男生是丘均。

俩人从小生活在一个大院儿里，年龄相仿，却并非青梅竹马。因为，小沫从小就很安静，她总是老老实实地待在奶奶身边看小人书。

而丘均天天和院儿里的孩子们一起到处野，今天摘了张爷爷的葫芦，明天砸了李阿姨的南瓜……

他们最常做的就是躲在树上，劫持小孩。

有一次小沫去小卖部买汽水儿，丘均和他的小伙伴"嗖"的一声从树上跳下来，抢了小沫手上的五毛钱，又在背后给了小沫一拳。

她哇哇地哭着回家了。

从此，小沫知道了他便是院子里的恶霸丘均，大家都叫他蚯蚓。

除了那次被劫持外，俩人生活原本是没啥交集的。

可从小学一年级竟一直做了6年同学。

不过小沫是品学兼优的学生，而丘均调皮捣蛋。所以，俩人的座位一个在最前排，一个在最后排。八竿子也打不着。

只有一次，小学四年级时，由于同学生病了，小沫一个人打扫了整个年级的卫生。下课后，她先从自己班级开始，洒水、扫地。等她满脸灰尘地打扫完两间教室后，发现第三间、第四间教室一尘不染。她在第五间教室里看到了同样满脸灰尘的丘均。

"喂，你为啥帮我？"小沫没好气地质问他。

"也算不上帮不帮吧，只是看你一个人打扫五间教室，挺可怜的。再说了，我小时候不懂事儿，抢过你5毛钱。这次算是扯平了，我丘均可不想欠谁的。"他说完，趾高气扬地走出了教室。

"哼，我才不领你的人情呢。"小沫心里暗暗道。

不过这次小沫又重新认识了丘均，想想除了被他抢了5毛钱外，他并没有那么讨厌。

仅有的一次接触后，俩人便像两条平行线一样再无交集。

这次相亲，使得15年未见的老同学又坐在了一起，所以理所应当地聊了很久，并互换了电话号码。

丘均和小沫都在C城工作，丘均是一名土木工程师，小沫是平面设计师。俩人每天都聊微信、通电话，有着说不完的话题。

Chapter 3

丘均一有时间就去找小沫一起吃饭，陪她画插画，陪她喝茶，陪她读书，陪她看电影。都说，陪伴是最长情的告白。小沫想，如果丘均可以一直这样陪着自己该有多好啊。

也许，对的时间里遇到对的人，爱情就是来得这么顺理成章。

中秋节，丘均和小沫一起回家见了家长，双方家长也是老同事，对他俩的事情非常赞同。

小沫心里有种尘埃落定的安稳。

节后，丘均被公司调到了新项目上，新项目在离C城一百多公里的郊外，丘均刚被提拔为项目部经理，他几乎把全部的精力都放在了工作上，还每天加班，吃住都在项目上，条件十分艰苦。

小沫很快又回到了之前平静的生活中，但是她心里有了牵挂，时不时地发个微信、打个电话给丘均。只是常常得不到回复。

半年里，丘均没来看小沫一次，而小沫打电话说去看他，他也不同意。俩人就开始争吵，吵着吵着，感情也慢慢凉了。

北方的冬天总是突如其来，刚进入十一月，就开始飘雪了。小沫担心丘均没带羽绒服，而其单位旁边也没有卖的。

于是她买了一件深蓝色羽绒服，背着背包，去找丘均。她转了两路地铁、三路公交，又在瑟瑟寒风中，一步一滑地踩着积雪，走了八公里赶到了丘均的单位。

她到了之后给丘均打电话，却一直无法接通。她找了他同事，他同事说，丘均去隔壁城市考察项目去了，估计后天才能回来。

小沫又冷又饿，但比起这些，最悲伤的莫过于她的心彻底凉了。就像一碗热腾腾的炸酱面，在雪地里冷冷地吹了一夜，结成了冰碴。

小沫感觉，自己在他的世界里一点都不重要，他不在乎她，而他的现在、他的未来也根本没有她。

回来后，小沫决绝地提出和丘均分手。他沉默了一阵子，同意了。

分手后，俩人就再无联系。只有一次，晚上下班后，丘均的姐姐发信息给小沫：朋友给丘均介绍的对象，他连见都不愿意见，其实我们家人都很喜欢你，特别希望你俩能够在一起，但感情这事情由不得别人。在爱情里，年轻的你们都死要面子不肯低头，不愿主动去联系对方。我不希望未来几十年里，再回忆起来是落寞和心痛。

小沫看了信息后，没有回复。她不知道该说些什么。因为他俩的感情从来都不是不肯低头的问题，是小沫感觉丘均未来的规划里，根本没有自己。既然如此，她也倔强地把他从自己的规划中抹去，不留任何痕迹。

难熬的冬天总算是过去了，湛蓝如洗的天空，云彩像鱼鳞一样铺排着一直蔓延到了天边。

紧张的周一工作结束后，小沫站在斑驳的红色站牌前等公交车，阳光一缕一缕洒下来，把她的影子在地上拉得细长。

明亮的光线中，一个黑影在靠近。小沫转身，看到丘均。他背着双肩包，利落的短发，阳光滑落在他肩膀，他微笑地望着小沫，

Chapter 3

温暖如初。

小沫扭头准备离开，丘均慌忙拉住她。

丘均说："沫，可以给我一点时间吗？我想跟你聊聊。"

路边的咖啡厅，俩人靠窗坐下。

丘均额头一层细汗，"沫，其实我俩的缘分早已开始，小时候在大院儿里，我抢过你的钱后，看着你哭，竟莫名地心疼。于是发誓，要暗暗地保护你。

"说起来也好笑，其实也就是保护你以后不再被抢钱。

"后来上了小学，你成绩好，人也漂亮，有了很多朋友。而我这个坏孩子和你们格格不入。虽然咱俩没说过几句话，但是我就想着只要能这样跟你做同学，初中、高中、大学……每天能看见你就好。

"可是初中时，我爸辞职经商，我们一家跟着他去了其他城市。那天我有跟你告白的，我站在你家楼下，看到你牵着一条白色的大狗哼着歌在院子里散步，我不敢上前跟你讲话，因为我怕我紧张得说不出话来……

"当时年纪小，不懂得离别的感伤，以为以后还可以再见，可是此去一别就是十多年。

"直到去年我家又搬了回来，而我也来了C城工作。我找老同学打听你的消息，惊喜地发现你也在C城。于是我想办法买通了你的同事大姐，让她给安排一场相亲。说起来真的很感谢那个大姐。如果不是她，我也不知道自己该怎样出现在你面前……

"沫，我真的很感谢你，感谢你给予我的爱和信任。我们在一起的二百四十三天里，我很开心，也很知足。

"是我自己做得不好，因为工作忽略了你，这一点都不怪你。可是，沫，我恳请你再给我一次机会好吗？

"**你未来的蓝图里，也许已经没有我；但是，我未来的蓝图里，满满的都是你！**

"我在新项目上拼命地工作，就是想给你一个家。你不是说过吗，你最喜欢主卧室朝南，坐在飘窗上晒太阳、看风景。还要有个大书房，然后养一条白色的大狗……"

丘均抹了抹脸上的汗，有点哽咽。小沫悄无声息地泪如雨下，她不等丘均再说下去了，一头扑进了他怀里。

有一句话说，可惜爱你太早，不能和你终老。

但丘均和小沫是幸福的，虽然爱你太早，但也可以和你终老。

正所谓，只愿君心似我心，定不负相思意！

文 ● 紫健

请给别人一个
爱你的理由

> 这世上，
> 你只有学会饶有兴趣地与自己相处，
> 才能与这个世界更好地相处。

我热爱文学多年，也算科班出身，而很多人喜欢我的文字却是由于我写过的与自己的爱情有关的文章。

的确，遇到了马克西后，每天都是幸福感爆棚。他聪明幽默又洞悉并深爱着关于我的一切，一时间，周围的很多人都说我很幸运。

记得刚在一起的时候我问马克西："为什么会是我呢？"

他笑着答："当然是你啊，经过接触然后又看了你以前的文字和状态，就越来越发现你是那个我一直想遇到的人。我以前无数次设想过自己心目中向往的女生的样子,很多次都打算放弃了,可没想到,真的会有一个你,如此完美地与之契合。"

其实,遇到他之前,我经历了一段无果的恋情,以至于在美国读研的两年多都是一个人。

那段时光,繁重的学业加上在异乡的一系列不适应,让我常常晚上绕着校园散步很久,累了坐在长椅上发呆,一直待到连举行派对的学生都叫嚷着回寝室了,才静静地走回住所。

不过,这种状态并没有持续太久,因为我突然发现在这个陌生的地方,可能没有爱我的人,所以我更要好好爱自己。

我继续保持着自己的一些习惯和节奏。那时,我更清楚地明白,在哪里读书并不重要,重要的是,你是否能找到自己生活与学习的节奏,随心而乐,亦随遇而安。上课全神贯注,听不懂的就课后给教授发邮件约见面,他们通常会回复一个明确的时间地点。

不得不承认,学校营造了全民锻炼的氛围,让我这个没什么运动细胞的人也学会了用锻炼减压。我找到了多年以前的爱好——游泳,很骄傲地说,很多论文和课上发言的灵感都是我游泳时想出来的。每天中午 12 点到 13 点的游泳馆空无一人,对我实在是个珍贵的馈赠。当你完全浸入一种环境中时,一切皆静,会更容易全身投入想事情。我会游 20 个来回然后心满意足去商学院点一份"Turkey Sandwich",而后蹦蹦跳跳地去上下午 3 个小时的专业课。

Chapter 3

和很多人一样，我也天天泡图书馆，有自己固定的位置，早上开馆时便第一时间去占位，列出一天要完成的提纲，然后用一天的时间将其一一划掉。与很多喜欢靠窗的朋友不同，我很喜欢一个类似吧台的高高的座位，可以在没灵感时看看大家认真的表情。多少次我都看论文看得眼睛干涩，但一扫其他人努力的样子，便会继续投入到自己的事情中。

我从小就有睡午觉的习惯，半小时就好，这短暂的休息会让我精神百倍。记得当时每周三下午有国际政治课，由于这个领域与课堂方式我都不太熟悉，经常跟不上同学讨论的节奏。为了达到最好状态，我会在周三定闹钟 13 点起床，然后快步跑到学校旁边我最喜欢的咖啡馆买一大杯咖啡，跟老板说再加少量脱脂牛奶，边喝边走向教室。也许是每天刻意给的小暗示，我真的会在下午的课堂特别投入，还和教授成了好朋友。

每周四的上午，我都坐最早的一班校车上山，到达艺术馆的馆藏室。那是一周之中我最放松的地方。我加入了一项很有意义的计划，帮助注释东亚艺术家的画作，多来自中国和日本。偌大的空间里，我一个人小心地拿着放大镜和镊子，细细打量每一幅承载着历史与文化的作品，虽然有时连水都顾不上喝，却感觉异常充实，因为这是我喜欢的事情。

我还会抽空去艺术中心的琴房弹琴，一开始没经验，后来我通过蹲点，摸清了几间琴房在 19 点以后处于闲置的状态，便去打印了几首喜欢的曲谱偷偷溜进去。后来，我还在那里认识了几个和我有同样爱好的朋友。我也听好友小孟说每次的舞蹈班很放松解乏，也鼓足勇气报了芭蕾班。一学期过后，跟专业的肯定还是没有可比性，但足以让我在大庭广众下更自信。

就这样，我在异乡过着单身却不乏精彩的生活，结识了一群志同道合的朋友，利用周末与长假去了很多有趣的城市，也有了自己新的小目标。凡事努力争取，却也坦然接受结局，应了那句歌词——"慢慢来，才比较快"。

毕业后回北京，我又认识了一些新朋友，和她们一起串胡同、尝美食、谈天说地。不少朋友都对我说："每次都喜欢和你一起出来玩儿，因为你很有意思，总是知道哪里好吃，哪里好玩儿。"

原来，我也是别人愿意去靠近的人啊。这样想着，心里便会涌起淡淡的欢喜。

国内有一档大型生活服务类节目，台上的女嘉宾为了找到心仪的男生，常常给前来的男嘉宾灭灯。每次都会有各种理由，比如"他不喜欢宠物，没有爱心""他太听父母的话"，或者一句单纯的"他的性格我不喜欢"。我想说的是，爱情有时并不是一对一的无缝对接，而是一场综合实力的考量。没有那么多一见钟情，那些所谓的"命中注定"背后，往往蕴藏了很多内心的修炼。我们都容易被远处一个光芒万丈的人吸引，可如果那时你还不够瞩目，那所谓的"怦然"也只能是枉然。

这世上，你只有学会饶有兴趣地与自己相处，才能与这个世界更好地相处。所以，友情或是爱情，请在选择别人的过程中，也给别人一个爱上你的理由。

人人内心深处都有着独特的希冀，那种希冀，无论是你多年以来的小梦想还是渴求的爱情，你越是期待，便越要风雨兼程。

文 ● 巫其格

敬难熬的过去一杯酒

> 无论是一份甜品，
> 还是一个人，
> 只要熬过就好了。

— 1 —

小绵羊第一次在朋友圈吐槽加班的时候，有 23 个赞和 45 条评论。第二次却只有寥寥数赞，第三次的时候，她觉得自己可能被大家屏蔽了，这让她郁闷的心情直线上升。

她失眠到神经衰弱，连楼下经过几辆车都能听得出来。也是在这个时候，她认识了大叔。

她睡不着逛微博，逛到同城的时候，看到了大叔发的微博。他要找个人陪他一起喝咖啡度过漫漫长夜。

小绵羊鬼使神差地在下边评论了一条。半个小时候后，小绵羊

Chapter 3

到达了咖啡店，店里除了店长在打瞌睡外，一个人都没有。

她觉得自己上当受骗了。也对，这深更半夜的，有谁睡不着还出来喝咖啡的，她傻她才信。

正在她准备转身出门的时候，身后有个穿着深灰色短袖的人轻轻地拍了下她的肩膀，"我是一只羊？"

这是她的微博名。

这时，她才开始打量面前这位胡子拉碴、眼袋的厚度明显要超过眼睛的宽度、头发齐脖、完全一副大叔样子的男人。

等两个人坐下来，喝着特浓咖啡的时候，小绵羊知道他的故事一定远比她长期加班造成的习惯性失眠来得严重。

小绵羊几口下肚，喝得明明是咖啡，却像酒一样直接把她灌醉。肚子里的苦水一下子全部倾诉出来，委屈也跟着跑出来。

对方却是一副看着孩子的目光看着她，最后大叔点了几份甜品安慰了她的心。

"好多了吗？"

她一边点头，一边嗯嗯地应着。

大叔开车送小绵羊回家，路上的霓虹灯特别的亮眼。平时她加班回来的时候，也是这条街，也是这样的灯。

可这一次，在她的眼里却呈现出了不一样的美。

她转过脸看着旁边的大叔，在光影交错中，他满是胡子的脸，竟生出迷人的气息。

- 2 -

大叔把小绵羊送到楼下，可能是咖啡喝多了的关系，深夜两点，两个人还是精神十足。在楼下绕了两圈，大叔才开口讲自己的故事。

和他爱情长跑五年的姑娘在上个星期离开了他。不是嫌他穷，也没第三者，就是因为恋爱太久了，对方早早地对他失去了爱情的幻想。

这个理由任凭他不眠不休地想了一个星期也没能说服自己。他也很想早结婚，也很想将爱情进行到底。可在爱情面前，竖着一座叫面包的大山。

他不希望在未来的生活里，她想买包，他却只能给她包子；更不希望未来两个人的孩子想要阿迪达斯，却只能买得起阿迪们斯。

他现在买得起包，买得起鞋，可他却失去了那份一起吃包子的爱情。

为此，他失眠了，过上了每天在微博里抱怨的生活。没想到就遇到了和他差不多的她。

说完，他看着小绵羊轻轻地叹了口气，"但就在刚刚，我觉得再也不需要抱怨了。"

"为什么？"

"好比你的事，和我的相比，甜点能让你好起来，我可能只是没找到属于我的那份甜点。"

小绵羊听着莫名的有些犯困，但到底还是理解了他的意思。

Chapter 3

无论是谁在发生什么样的事情，抱怨都不是最好的解决方案。因为这是改变不了现状的，都是无力的挣扎，不如换个方式让自己想办法快活一些。

— 3 —

后来在小绵羊不加班的时候，两个人在一起吃过晚饭。大叔说她家楼下的东北菜是他吃过的最正宗的了。

有时候大叔顺路还能去她的单位接上她一起去店里，吹着空调吃着热气腾腾的水煮肉片。两个人就这样保持着饭友的关系，像认识多年一般，不需要找借口就能见面，并且彼此都不觉得尴尬。

小绵羊觉得生活就该是这个样子，简单又知足。但她却在某一天察觉到了内心的变化。

那一天大叔刮掉了胡子，把头发剪成了利落的短发，一张俊秀的脸就露了出来。那晚霓虹夜里的恍惚，竟然直接变成了会心的一击。

小绵羊把杯子里的酒全部喝下了肚，然后对着大叔表白："嘿，我喜欢上你了。"

大叔先是一愣，然后就夺过了她手里的杯子，重复地说："你喝多了。"

小绵羊哑口无言，彼此的酒量心知肚明，被掩盖的无非就是不想昭告的话。等他们从餐馆出来的时候，夜风里大叔紧紧地盯着她："早点休息，明天是新的一天。"

晚上小绵羊躺在床上辗转，怎么都睡不着，她从微博刷到朋友圈，才发现，她已经一个月没有再抱怨加班的事情。

虽然被拒绝，但她还是去微博里给大叔发私信想告诉他，自己真的好了。可一直显示发送失败，她以为是网络问题，检查了几次，才知道大叔的微博将她屏蔽了。

瞬间，她像被抽光气而干瘪的气球一样蔫在那里，好久没有的失眠又开始了。

他们到底还是萍水相逢，最后回归到各自的生活里。

- 4 -

失去了饭友的小绵羊又去了那家叫"岸"的咖啡店，点了一份特浓咖啡和一块黑森林蛋糕，苦中带甜，甜中夹苦。

等小绵羊再从店里出来的时候，她看到了路上晨起送广告的小哥正骑着自行车挨家信箱塞着传单，也看见了一个老奶奶拄着拐杖在喂花坛边的流浪猫。

太阳正在升起，她看着看着竟感动地掉了眼泪。

再后来，大叔联系了她，告诉她微博被黑了，注册的时间太早，邮箱找不回。现在找回来了，第一件事就是来告诉她这件事。

小绵羊才发觉，自己似乎并没有那么的在意了。一个星期前，她以为自己会熬不下去，会重新回到自怨自艾的生活，可是都没有。

Chapter 3

那段有大叔陪伴的时光,是小绵羊走出迷茫的最好日子。

有时候,短暂的迷失,会让她忘记自己想过什么样的生活,未来成为什么样的人,只看得到面前的困难,而不想坚持。

可路还在继续,苦难又孤立无助的时刻和抱怨连连的时刻,都会在时间长河里成为一个点。

无论是一份甜品,还是一个人,只要熬过就好了。

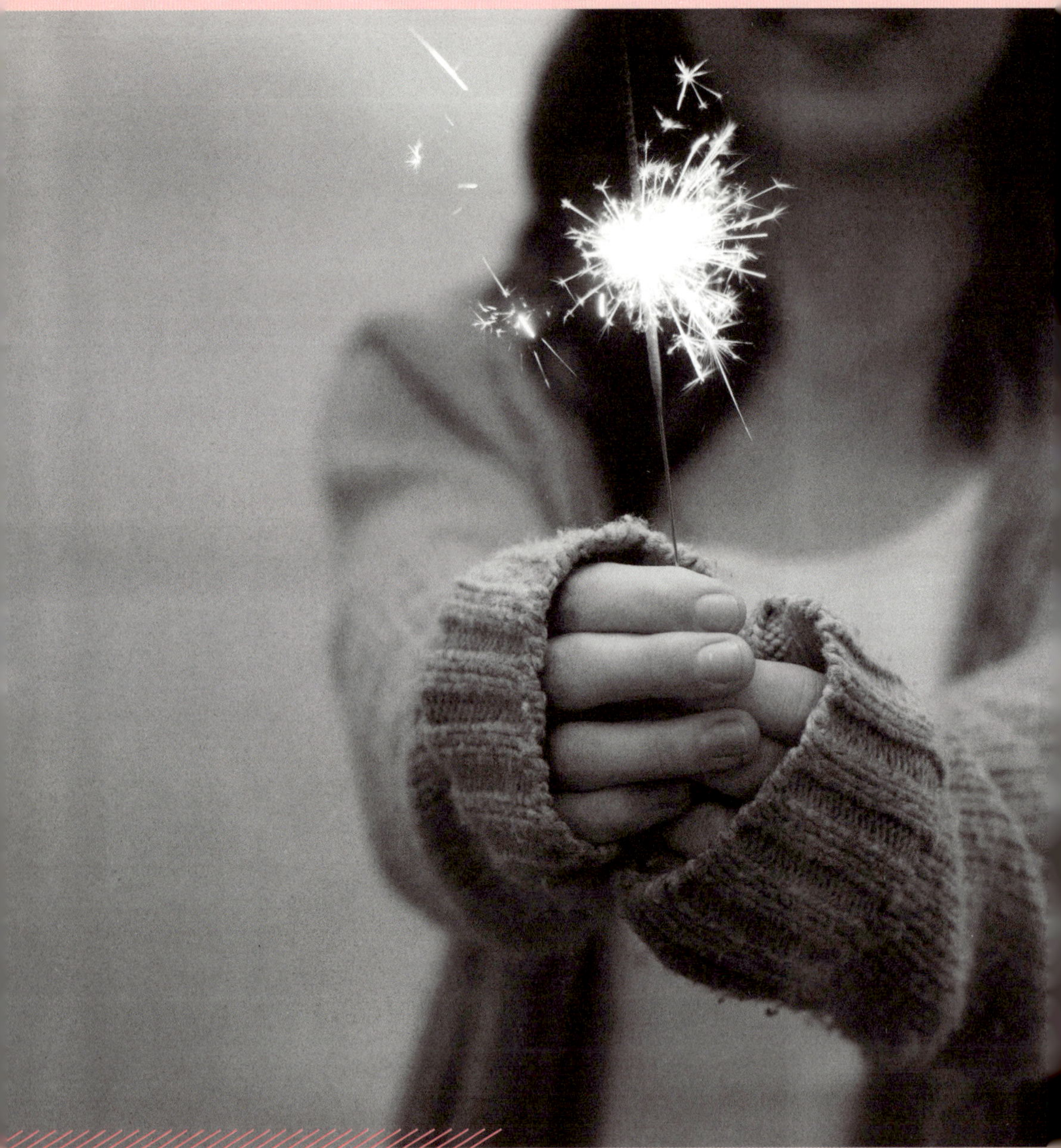

Chapter 4

致梦想
越努力，
越勇敢，越幸运

人生就是一个不断做梦的过程，
只不过有的人把梦做活了，
有的人把梦做死了。
不到心死，那就再倔强一回吧。

文●周灿

坚持你所坚持的，总有一天时间会给你答案

> 正因为是女孩子才要更努力，
> 读更多的书，走更多的路，开阔自己的眼界，
> 这样才能拥有更大的格局。

— 1 —

白巧当年为了去北京，可谓是拼尽全力，年纪轻轻，眼圈就黑得跟熊猫似的。

我说："你那么拼命做什么呢？"

她奋笔疾书，连头都没抬一下，"周灿，有时候我真羡慕你，从小就没什么追求，不用活得那么辛苦。"

我："……"

朋友，好好说话，辣条还能分你一半。

到高三之后，她变本加厉，几个月下来瘦了十几斤。高考完那天，所有人欢呼，只有她号啕大哭，抓着我的胳膊断断续续地说："周灿，我现在看着卷子就想吐。"

我拍拍她的背，"没事，都过去了。"

她号啕大哭，没有理我。

多年后，我在北京见到她，拿这件事揶揄她，她捂着脸像一个小姑娘，"快别说了，丢死人了。"

我说："你到底为什么一定要来北京啊？"

我这个人打小胸无大志，坚持得最久的事，可能就是写小说了，对于北京和上海，想都没想过。

她叹了口气，"其实开始，我也没想过要来北京。"

可是，读书那会儿，她喜欢上一个人，那个人想来北京；可最后那个人没考上，她一个人来了。

我想了很久，才想起当年谁想来北京，"你藏得太深了。"

她只是笑，然后问我当年那个人还好吗。我说，在县里当公务员，娶了一个在法院上班的女孩，挺好的。

她应了一声，我继续追问："既然他没来，你怎么不回老家？"

她目光深邃，语重心长："这个城市所赋予我的，要比从我身边夺走的多。"

Chapter 4

- 2 -

后来，春节的时候，我接到白巧的电话，她哭得撕心裂肺，"我不结婚碍着谁了？我吃谁家米，用谁家钱了吗？"

年夜饭，一家人在饭桌上逼着她去相亲，就连年龄跟她相仿的表姐也说："男人会挣钱不就行了，讲什么感觉？白巧，你在北京工作了那么多年，能买房吗？听说你住的地方还没家里的卧室大呢。真不知道你一个姑娘，跑那么远干什么！"

她气得连饭都没吃，当天订了票，大年初一回了北京，宁愿一个人吃泡面。

那时候，她也会质疑，她这么努力，到底有没有必要。

在家乡的同龄人大多都结婚生子，而她始终孑然一身，时常加班到深夜；谈了男朋友，但都受不了她这种加班模式，委婉地提了分手。

我说："坚持你所坚持的，相信你所相信的，喜欢你所喜欢的。总有一天，时光会给你答案。"

她哈哈大笑："你一个讲故事的说什么鸡汤呢？"

我说这不是鸡汤，这些都是真的。

很多年前，有一个小作者，身边的人都告诉她要放弃，就算写下去也没有意义的。亲戚嘲笑她，你写东西有人看吗？

白天上班，晚上还要写东西，挣的稿费少之又少，付出和收入不成正比时，她也想过要放弃。最后一次，她在一个叫简书的平台上发文章，她在心里说，最后一次吧，最后一次吧。

最后啊，小作者要出书啦。

听了之后，白巧意味深长地看着我，"周灿，那时候我不该说你从小就没什么追求。我收回这句话。"

我说："没关系，胸大有肉比较重要。"

- 3 -

2016年，白巧升职了，在北京六环外按揭了一套房子，整天地铁来、地铁去，忙得焦头烂额。可事到如今，依旧被家里人说闲话。

大姑妈说："一个姑娘挣得再多又怎么样，到底还是嫁不出去。"

表姐抱着孩子说："挣钱是男人操心的事，女人只要会洗衣、煮饭、带孩子就行。"

结果这句话刚传到白巧耳朵里，表姐离婚的消息也传来了，表姐老公拿了几万块钱给她，便算是青春损失费了。

白巧说起这件事，依旧心有余悸，"果然，自己的才是最好的。"

我点了点头。

我认识许多女生，她们都和白巧的表姐一样，把婚姻当作获取更高物质生活的筹码，整日炫耀丈夫给了她什么，从来没有想过最想要的东西需要自己去争取。

"自己去奋斗一套房子？太累了。"

可是，却从来没有想过，当自己有了房子，房子里住进来的，可以是你希冀的任何人，是别人无法随随便便将你赶走的资本。

许多人说，女孩子可以不用努力。

可正因为是女孩子才要更努力，读更多的书，走更多的路，开阔自己的眼界，这样才能拥有更大的格局。

无论别人能给你金屋还是银屋，你都要相信，没有任何一样东西，会比你自己给自己的更踏实，哪怕仅仅只是一间茅草屋。

文●Josie 乔

再这样负能量下去就真的完蛋了

> 生活就像一条河流,
> 渡过去,你会看到另一片天地。

— 1 —

很多人在公众号给我留言,问我最近怎么没推送新文。

没有更新的原因有很多,比如阅读量不忍直视,互动越来越少,被杂七杂八的事情给耽搁了,但是都可以归结到一个原因,我没有写文。

前两天笔记本电脑坏了,一直没法开机,当时脑子里只有一个声音,完蛋了,我的新稿子既没有存到网盘也没有存到U盘,我为了方便修改直接把它们放在了桌面上。

那时候心急如焚,在一个几百人的微信群里"求救",但是并没有什么用,大概是我发的消息脱轨了,很快就被其他消息刷掉

Chapter 4

了，没有一个人回复我。

然后又找了一个程序员朋友询问，说了情况以后，对方说要重装系统，但是问题来了，我不敢啊，如果那些文档毁了那就完蛋了。

最终还是决定去找专业人士维修。因为学校在郊区，所以凭借之前的记忆找到了一家维修店，但到那里之后才发现那家店已经搬到别的地方了。好不容易才找到另一家维修店，在店里坐了大半个小时，笔记本电脑总算可以开机了，里面的文件也没有损坏。

从店里出来的时候已经快晚上8点了，我在一家牛肉粉馆点了一碗粉，吃的时候加了两勺辣椒，额头上一直冒汗，眼睛也不争气地掉眼泪了。并不是因为辣椒太辣，而是心里难受。那天除了电脑坏了，还有其他糟心的事儿。等到吃东西的时候，所有的负能量终于爆发了。

当时脑子里只有一个冲动，攒钱买MacBook。

有时候会突然陷入一种挫败感，为什么我会这么穷，连买一台笔记本电脑还要犹豫。

一个写作者混到这个地步也是少见。

但人生总是需要一些残酷的事实来提醒自己，再这样负能量下去就真的完蛋了。

也许是银行卡里捉襟见肘的余额，也许是下雨天挤公交车湿掉的头发和鞋子，也许是商场里打折也舍不得买的衣服……

你问我什么算残酷，我不知道这些算不算。

- 2 -

曾经有段时间，我为了去某地旅游拼命兼职，加了十多个兼职群，兼职群里人太多，兼职信息有限，出现了僧多粥少的情况。于是我把那些兼职群都设置了消息提醒，只要有兼职信息发布，我都会第一时间打电话过去咨询。

那段时间，我在路边发过传单，在餐厅做过服务员，在超市做过促销，在营销公司打过电话。劳动力很廉价，最低的时候六块钱一个小时，最多不会超过20块钱。

在餐厅上班的时候，早上6点多钟就要起床去赶公交车，晚上到九点才能下班，然后急急忙忙去赶最后一班车。那段时间，我每个周末都是在往返不息的公交车和餐厅里度过的，我的体重从96斤降到了87斤。

那时候头只要挨到枕头，不用10分钟我立马就能睡着。

后来我攒了一些钱，但旅游却没有去成，因为等我攒够旅费的时候，那个景区已经过了最佳观赏期。

我用那笔钱买了一台平板电脑。

这些事情现在想起来还历历在目。

也有朋友劝我不要把自己搞得这么辛苦，大学生活是用来享受的，以后出了社会就没有这样的机会了。

真的是这样吗？我只知道用自己赚来的钱去实现愿望是一件很有底气的事儿，也给了我更多的思考空间，关于梦想，关于生活。

- 3 -

我很少写关于贫穷的文章,一来不想落下博取同情的话柄,二来贫穷并不是什么值得宣扬的东西。虽然不赞成贫穷是耻辱的说法,但至少也不是什么值得宣扬的资本。

而我现在依然写着很多不能挣钱的稿子,有一些发布在网上,有一些搁置在文件夹里。每次检查文档的时候,内心其实一直都是抵触的,因为写不出自己想写的文章,又因为很多的原因逼迫自己去写。总是要写的,写作者一旦停笔那就完了。

如果你问我为什么会写作,那我会告诉你,先是因为喜欢,其次是想挣钱。

我从不掩饰自己想以写字为生的梦想,现在也接触了一些这样的朋友。有一些已经熬出头了。举个例子,光从微信打赏这一块来说,我见过的最厉害的作者一篇文章的打赏是一万多。羡慕之余,我想的更多的是为什么别人能写出这样的价值,自己却连别人的零头都不到。后来又看了这位大神的其他作品,渐渐明白名利双收的背后是创作的辛苦和粉丝的黏性。这个世界一步登天的事情几乎是不可能的,任何一件事都要经历一个量的积累,只不过有人花的时间少一点,有人花的时间多一点。

还有一些虽然没有出名但是仍在坚持的作者。

我表哥就是这样一群人中的一个,他在写网文,写了一年多了。

表哥去年辞职了,独自租了房子潜心创作,家里亲戚都说他着魔了,背后也偷偷说他不务正业。但是表哥却两耳不闻窗外事,一心只做码字工，依然梦想着成为第二个唐家三少。

这样的梦想现在看来可能有些不切实际，但我没有去打击他，在写作这条路上，我知道他比我吃过更多的苦。

人生就是一个不断做梦的过程，只不过有的人把梦做活了，有的人把梦做死了。

不到心死，那就再倔强一回吧。

说回自己，梦想以写字为生，现实却比梦想残酷一百倍。在只要一支笔、一台电脑，甚至只要一部手机就可以成为写手的年代，要想出彩绝非易事。

如何让写作成为一件更靠谱的事儿，这是我现阶段正在思索的一个问题。

— 4 —

时常会在公众号和微博上收到一些留言，有人哭诉自己急于挣钱被人骗了钱，有人问我怎么靠写作赚钱……

诸如此类的留言我一般很少回复，不是因为冷漠，而是我真的不知道要怎么告诉对方，穷不是错，但没有辨识能力和一意孤行就是你自己的问题了。任何时候涉及金钱利益，都请你保持清醒的头脑三思后行。

至于怎么靠写作赚钱，这也是我想知道的！

其实，生活不会一成不变，不论是贫穷还是富有。说句迷信的话，风水轮流转，下一个奇迹也许就是你呢。

我始终相信只要没病没灾就不足以击垮一个人。

美国作家海明威的《老人与海》中，我特别喜欢一句话：生活总是让我们遍体鳞伤，但到后来，那些受伤的地方一定会变成我们最强壮的地方。

生命不息，生活永远不会风平浪静；即便你看到的是波澜不惊，但内里却暗流涌动。

但你总要面对，人生如此，你别无选择。

生活就像一条河流，渡过去，你会看到另一片天地。

文●王大纯

我从来不努力，
我就是幸运

> 别人只在乎你飞得高不高，
> 可很少有人在乎你飞得累不累。

昨天好朋友在朋友圈发了一条状态，她说：

"我不喜欢有些人说我幸运，他们根本没看见我有多努力。可是又一想，我有多努力又何必让别人看见，弱者才需要自我同情和自我感动，而且我可能真的幸运，因为我的努力结果都是好的。或许有一天我做对了很多事，我可以告诉他们，抱歉，我从来不努力，我就是幸运。"

真是恨不得跨过屏幕给她胸前戴一朵大红花，相比她之前不管做什么事都昭告天下的幼稚，有点辛苦就挂出来想要博取喝彩的粗暴，我更欣赏她现在把艰难咽在心里自我消化，以微笑展示结果的心态。

她从一个小小的职员，慢慢升职加薪变成部门主管。一个应届毕业生，只用了半年多的时间，真的很不容易。

但是很多老员工被一个比自己小那么多的人领导，都很不服气，公司再小也要论资历吧。他们说起她，也只是认为她幸运，不就是幸运地做了一个大案子？不就是幸运地找到了一个土豪客户？我们也加班，我们也努力，凭什么她跑得比他们快？

只有当事人知道自己凭什么。我朋友真的超级不开心，她简直恨不得把自己熬夜看书做设计的日子制成回忆电影，把她的同事们绑在板凳上强迫他们看完：

你们下班出去聚餐约会，我在做设计；你们看美剧看韩剧，我在做设计；你们刷微博玩朋友圈，我也在做设计。你们加一个小时的班就告知朋友圈，我加班整晚不回家连着几个礼拜996作息①也没在朋友圈发一个字。

难道从不展示自己辛苦的人，取得好成绩，就是靠运气？默默做事从不张扬的人，取得了好结果，就是靠运气？难道一定要一把辛酸泪地抛头颅洒热血，才有资格把一件事做好？怎么我好不容易懂得了低调做事的谦逊，而这个世界还容不得人低调了？

其实不是容不得别人低调，而是我们都容易自我感动，觉得一件事成功的背后全是想要让别人看到的心酸。

曾经我也是啊，不管做什么都喜欢发到朋友圈发到微博，甚至

---

① 指工作日早9点到晚9点，一周工作6天，且没有任何的补贴。

是很多八字都没一撇的事情，我都想得到大家的称赞。

比如大学时参加排球赛、健美操比赛，训练到胳膊腿没有一块是好肉了，难看到死也要拍照发状态，表示自己真的好辛苦，真的好累，可是我还能坚持，我就是这样一个不怕苦不怕累的人。

然后等着一堆人来围观我为学院做出的贡献。其实更深一层的潜台词是：

嗨，同学们、辅导员、院书记，你们看见了吗，我为咱们学院真的很拼啊，我加分是应该的，算到综合测评里也是应该的，就算输了也别怪我啊，因为我为了训练都这样了，而你们连这个苦都不想吃。

大四开那个舞蹈工作室，租房选址装修，我一个人做完了这些从来都没有接触过的事，连去买地板不小心摔了一跤也要写到朋友圈。我只是觉得自己了做一些事吃了一些苦，一定要表示清楚，好来证明：

我，一个人做了这么多事情，真的是一个大写的新时代的新女性。那你们在等什么，为什么还不来夸我赞美我佩服我？

而且那个时候不懂，**真正的厉害并不是一定有一个先抑后扬，不知道其实心理上的弱者，才喜欢一边做事一边展示自己的落魄与辛苦。**

除非我们真正拥有了一个成功的地位，能像马云他们有资格分享自己的曾经，不然，辛苦说给谁听也只能博一个同情，别人也不是真的关心。就算卖尽辛苦拼搏的丑态，博一个佩服又怎样，生活还不是自己过？在辛苦与忙碌里挣扎的你，又要把这种状态表演给别人看，就算最后成功了又能有多优雅？

算了，我只好释怀，毕竟让他们知道我的辛苦和狼狈，还不如保持优雅让他们觉得我得到一些东西全是因为幸运。

很多人都喜欢这句话，别人只在乎你飞得高不高，可很少有人在乎你飞得累不累。

我觉得这句话真的很矫情。别人当然不在乎了，为什么要在乎你飞得累不累？你飞得再高都是你自己的事，钱是赚给你自己的，职位是升给你自己的，好处都是你自己的，和别人有什么关系？

而且想要飞得高的人都不怕累，其中辛苦又何必让别人知道。我们怎么要求那么多？又想要终点等待的掌声，又想要中间过程的喝彩。

还有一种情况也是让人无奈，你工资比别人高出一大截，他们都说你小子怎么那么幸运找到好工作。就算你每次都解释说自己真的好累，天天熬夜，忙得都没有时间去健身，可是他们下次看到你还是一脸酸酸地说你怎么那么幸运。

所以他们不知道我们有多辛苦又有什么关系，做一个拥抱结果的幸运儿也不错。

我给朋友的状态评论之后，她跑来和我说："刚才我又矫情了，不过还好我这条是分组状态，只说给亲近的人看。至于其他人，过程就不给他们看了，反正在他们看来，我从来不努力，我就是幸运。"

希望有一天，我们也都能轻轻松松地说出这句话。

文●赤木与森

不是所有的努力
都值得回报

> 不确定自己努力的方向，
> 不改变努力的方法，
> 你吃的苦不过是莫名其妙的徒劳无功罢了。

点点这礼拜第二次和我抱怨新工作加班频繁的时候已经是晚上11点多了，她刚从公司出来，哭着喊着叫我陪她吃夜宵。

一盘小龙虾就着一瓶冰啤酒，她激动得面色通红，口沫横飞、手舞足蹈地给我表演新上司开会时有多智障。

初春的晚上依旧很冷，我拉紧身上的棉衣，看她依然没有停下来的意思，只好无奈地开口打断了她生动形象的表演："你最近怎么老加班？新工作很忙吗？"

仅仅一小时之后，我就体会到了什么叫"作死"——我简直身体力行地深刻解释了什么叫哪壶不开提哪壶——这个问题突然打开

Chapter 4

了她的苦水闸。

她说她这个礼拜天天都在加班，今天已经是她最早下班的一天了。新上司要求很高，甲方更难缠，方案修改了三遍都不满意，今晚回去得继续熬夜。已经连续两三周周末没好好休息过了，一个月就拿那么一点薪水真不知道这工作有什么意思。为了这份方案她光收集整理的资料都能摆满一张桌子。

说着说着她还抹了一把眼泪，酸溜溜地说明明这个组中自己最努力，每周之星还评给别人，大公司黑幕太多了。

我不是第一次听她抱怨工作太忙太累、她的努力与收获不成正比的话，但每次看到她在朋友圈里凌晨更新的内容——满是资料的桌面和当白开水喝的咖啡，又不知道怎么安慰她，努力得还不够吗……看起来已经够了啊！

我最终也只好安慰她时运暂时不济而已，总能好起来的。

我也很疑惑，为什么每一份工作对点点来说都好像特别困难，她不是一个专业能力不过关的人，怎么会把自己弄得这么累？

后来我有一个任务正好是与她公司的业务合作，对方派出的代表又碰巧是点点所在团队的一位前辈，我旁敲侧击地了解后才明白，原来也是万事皆有因——前辈嘴里的点点与我认识的点点大相径庭。

听说点点进公司没多久，她的勤勉就出了名，多少次同事早早下班，偌大公司只剩她一个人，刚开始几乎所有同事都暗暗咂舌，感叹现在的"90后"小姑娘的拼劲儿。

但可惜也只是最初而已。

很快各位前辈就发现，虽然看起来她一直在忙，但效率很低。

她总是策划做一半就跑到微博上找灵感，或者去微信咨询某位大神朋友，通常都是有去无回。再就是去串门打听琐碎之事，聊些闲话，取个快递，喝喝咖啡。时间打发起来是非常快的，别人在忙工作的时候，她忙于"社交"，那么别人休息和社交的时候，她忙工作好像也是合情合理的事。

前辈说完，思考了一下又补了一句："可能是因为年轻，还不懂努力是有方法的吧。"听前辈说完，我突然想起点点上一份工作好像就是因为上班时间刷朋友圈丢掉的。当然，按点点的话说，她明明是在和客户联系，却被上司冤枉，只是因为自己的努力惹人眼红罢了。听到别人对点点的评价与点点对自己的评价，我发现了一个认知误区（好像很多人都如此）：我们总是会想当然地把努力和吃苦画上等号。

好像大多数人提起努力都会想起埋头苦干、挥汗如雨这种画面感十分强烈的词汇。听说有人累死累活熬夜读书却挂科，有人不吃不喝拼命加班却与优秀无缘。我们通常都会感叹这些人吃了这么多苦，最后还没能成功，亏了。

可是你是否想过，他们吃的那些苦，难道都是因为不得不吃吗？

我起初也喜欢这样，总是抱怨自己努力多少却没收到过价值相当的回报。直到发现很多我认为是有天赋的朋友，都比我努力多了的时候，我才明白了努力不等于吃苦的道理。我发现我之所以熬夜赶稿，是因为白天虽然开着文档却也开着微博微信；之所以通宵码字，是因为之前几个礼拜一直瞎忙活却没有算好截稿日期；甚至有时候连我拿来标榜自己工作认真得"废寝忘食"也不过是因为工作时间安排不合理导致的吃饭不及时。

把努力等同于吃苦，不免会让注意力更多地放在自己"吃了多少苦"上，而不是"是否做了科学的努力"上。

过于看重吃苦的结果而忽视努力的过程，会让我们沉浸在自己营造的自我感动的幻想中不能自拔，变成一个只知吃苦、不论方法的"拼命三郎"。

不确定自己努力的方向，不改变努力的方法，你吃的苦不过是莫名其妙的徒劳无功罢了。

其实，你只要学会开始讲究努力的方法并掌握之，就会发现**有时候努力做事并不会让自己吃多少苦，而当你觉着吃尽苦头依然不见效果的时候，更大可能是你正在用错误的方法在错误的方向上进行错误的努力。**

千万不要轻易把失败和坎坷挫折当作"天将降大任于斯人"的考验，因为说不定你正在做的努力，不过是在吃莫名其妙的苦而已。

文 • 唐妈

我和幸运，
一步之遥

> 再往前一步，
> 再往上一步，
> 就能看到光，
> 就能触摸到幸运的手掌。

这几月请假在家，白天孩子去了幼儿园，我就开始无所事事，想了想，决定去图书馆上自习。

市图书馆共有五层，自习室在二层以上。我第一次来，兴致勃勃地存了包，抱着书和电脑冲上了楼，然后就懵了。

周六，自习室的座位挤得满满当当，放眼望去，围着天井一圈儿的桌子都坐满了勤奋好学的"四有青年"，我忍不住往后退了几步，一不小心差点儿从楼梯上栽下去。要不，回吧？

回家要坐半个小时公交车，我咬了咬牙，楼上楼下跑了三趟，终于在五楼发现了一个角落，虽然放了书，但明显没人坐。上学的

Chapter 4

时候我脸皮薄，做不了这鸠占鹊巢的事儿，但现如今老皮老脸，管他呢，先坐下再说。

一直到中午，那"鹊"都没出现，可我对面那姑娘却开始收拾东西了。本想着那姑娘走了，我麻溜过去把位置据为己有，谁知那姑娘嫣然一笑："姐姐，二楼凉快，我多占了个座儿，你跟我下去吧。"

我差点儿喜极而泣，跟着姑娘一路小跑，七拐八绕，才发现图书馆西侧竟然也别有洞天，有个巨大的自习室，空调温度调得低，还有充电的地方！

这会儿我跟姑娘道了谢，喜滋滋地坐在自己的位置上，心情倍儿爽。

其实我一直不觉得自己是个幸运的人。

上学那会儿，校门口有个卖刮刮奖的，我和同学一起，人家两块钱刮个五十的，我两块钱刮个两块的，然后两块钱再买一张，刮个"谢谢"出来。一圈儿下来，亏两块。

前两天在超市买了瓶饮料，写着 37% 的中奖率，我费了老大劲儿把商标撕下来，就看见四个大字："谢谢品尝。"

人家打新股，一个月中六只，我打了六个月，一只没中。

我总结了一下：运气这事儿在我身上很难生效。

可今天就撞上大运了。

如果那会儿我扭头下楼坐车回家，这会儿应该正在家挺尸。如果那会儿我不上五楼，这会儿估计也是在家挺尸。

挺尸和幸运，一步之遥。

上个月，我和先生订了 3 张机票，准备去海南一浪。特价票，下单之前系统提示：不可改签不可退票。

我还嘟囔，谁会放弃这出去浪的大好机会傻乎乎地去退票呦？您老心操太多了！

没承想，出行的前一天，先生突发胰腺炎，住——院——了！

晴天霹雳啊！手忙脚乱地把人安顿进了急诊，先生抓着我的手脸色发青："机票！"

我这才想起来，还有机票这回事儿呐！

我在家是个甩手掌柜，屁大点儿事都是先生一手操办的。这，人家都说了特价票不给退了，那，就是退不了吧？我俩都没坐过飞机，又是第一次用携程订票，一时间面面相觑，心在滴血。

我在网上问了一圈儿的朋友，其中包括旅行社资深老油条和穷游爱好者，大家都众口一词：没法儿退！

那一刻，我觉得肯定是没法儿退了，白瞎了 2000 块钱。

本以为事情会就此打住，我会唉声叹气好几天，觉得自己就是被老天爷遗弃的可怜孩子，倒霉到家了。

可是，剧情不反转，我是没脸往这儿写的。

我之后咨询了携程的客服，很诚恳地将先生生病的情况说了，人家告诉我：没事儿啊，可以申请病退啊！资料齐全的情况下，全额退款啊！

网上各种帖子都告诉我，这特价票退不成，你没路可走了，自

Chapter 4

认倒霉吧。

差一点，我就又成了那个自怨自艾的倒霉蛋。

与幸运擦肩而过的时候，深深的沮丧和烦躁让我们愁眉不展，觉得自己真的是天底下最倒霉的那个人了。但是，所有的倒霉和不顺都是有原因的。

早上气喘吁吁跑到公交站的时候，正看到自己要坐的那班公交车冒着尾气刚刚驶出站，一定是你比平时晚出门了五分钟；奉命出差打车去机场，竟然被堵在了高速上，一定是你没有提前出行留够充足的时间；参加职称考试成绩差一分没过线，一定是你平时看书不够认真，至少也是少做了一套练习题。

看似平淡无奇的生活，处处都存在着惊喜和惊吓，彼此只在一念之间而已。

我是个再普通不过的人，有时候会怀着沮丧的心情觉得自己的生活像是人间惨剧，再没有比我更可怜的人了。每次有了这样的念头，我总是会惊出一身冷汗。

我在自怨自艾的同时其实是在寻求来自外界的同情、关怀、支持和帮助，可是，忙碌的人生，谁有时间听我的自暴自弃之语和喋喋不休？说出来了，不过是惹人生厌而已。心疼自己的人，最终还是要落回到自己的头上啊。

慢慢地，在遇到问题的时候，我开始想着要坚持，要寻找解决办法。抬头看一眼望不到边际的黑暗，心里面悄悄告诉自己：再往前一步，再往上一步，就能看到光，就能触摸到幸运的手掌。

如果说爱笑的女孩子运气不会太差，对于我这个并不是很爱笑的人来讲，傻乎乎的坚持就是我的金丝软猬甲，虽然谈不上百毒不侵，却也能带着我走得稍微远一些，站得稍微高一点。

当年我开始写自己第一部小说的时候，陆续发布在网上，点击量愁云惨淡，自始至终没有人评论。我硬是拼着一口绝不放弃的气，把它给写完了，然后我把它放到了简书上。

也正是这第一次不计后果的坚持，让我走到了现在，让我能够在好几十年的人生里发现自己并不是一无是处，也可以讲故事，也可以有一技之长。

坚持下去的效果是什么呢？

就是我会在下班后、假期里，不再是窝在床上虚度光阴，而是捧一本书或者抱着电脑敲敲打打，做一点让自己觉得生命有意义的事。

如果，不是当初那一点点的坚持，我今天不会坐在这里，不会遇到那个好心的姑娘，不会觉得：哟呵，我也是个蛮幸运的人嘛！

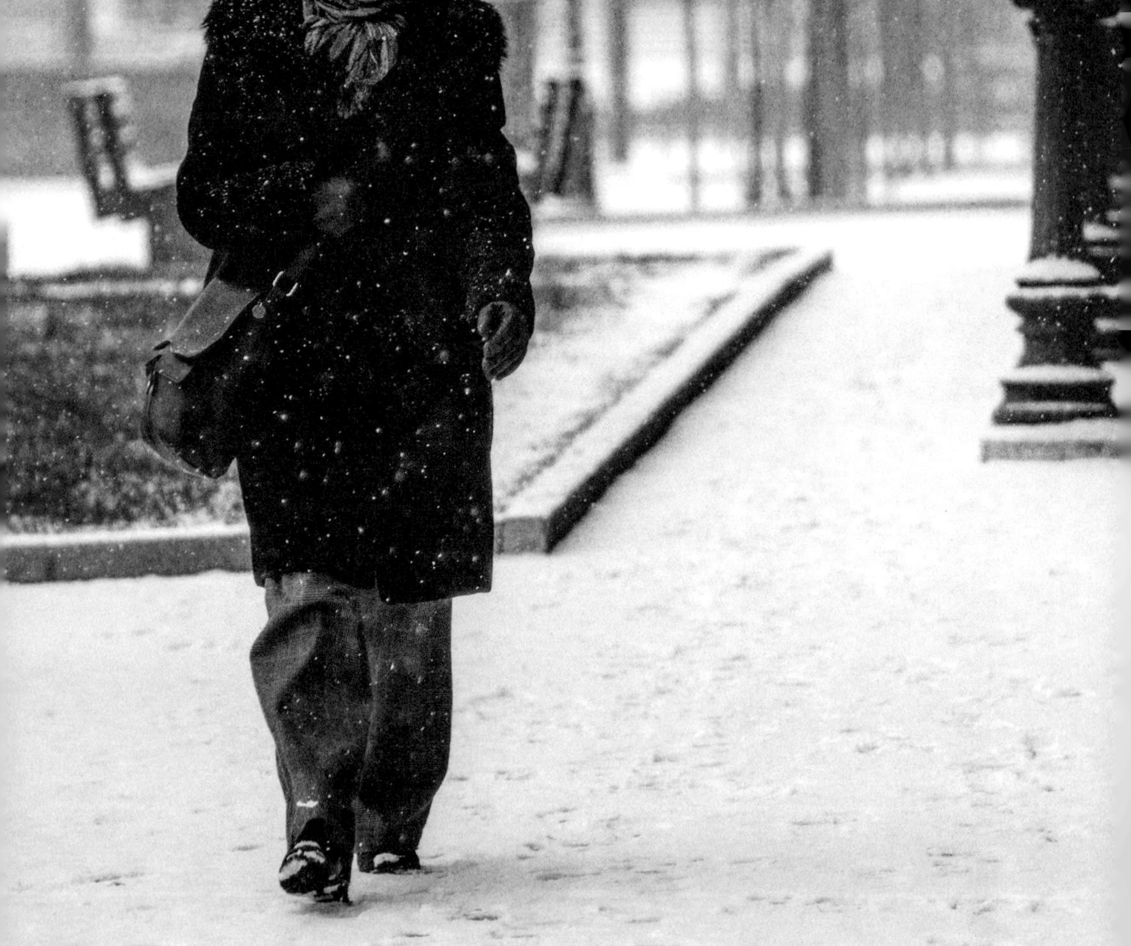

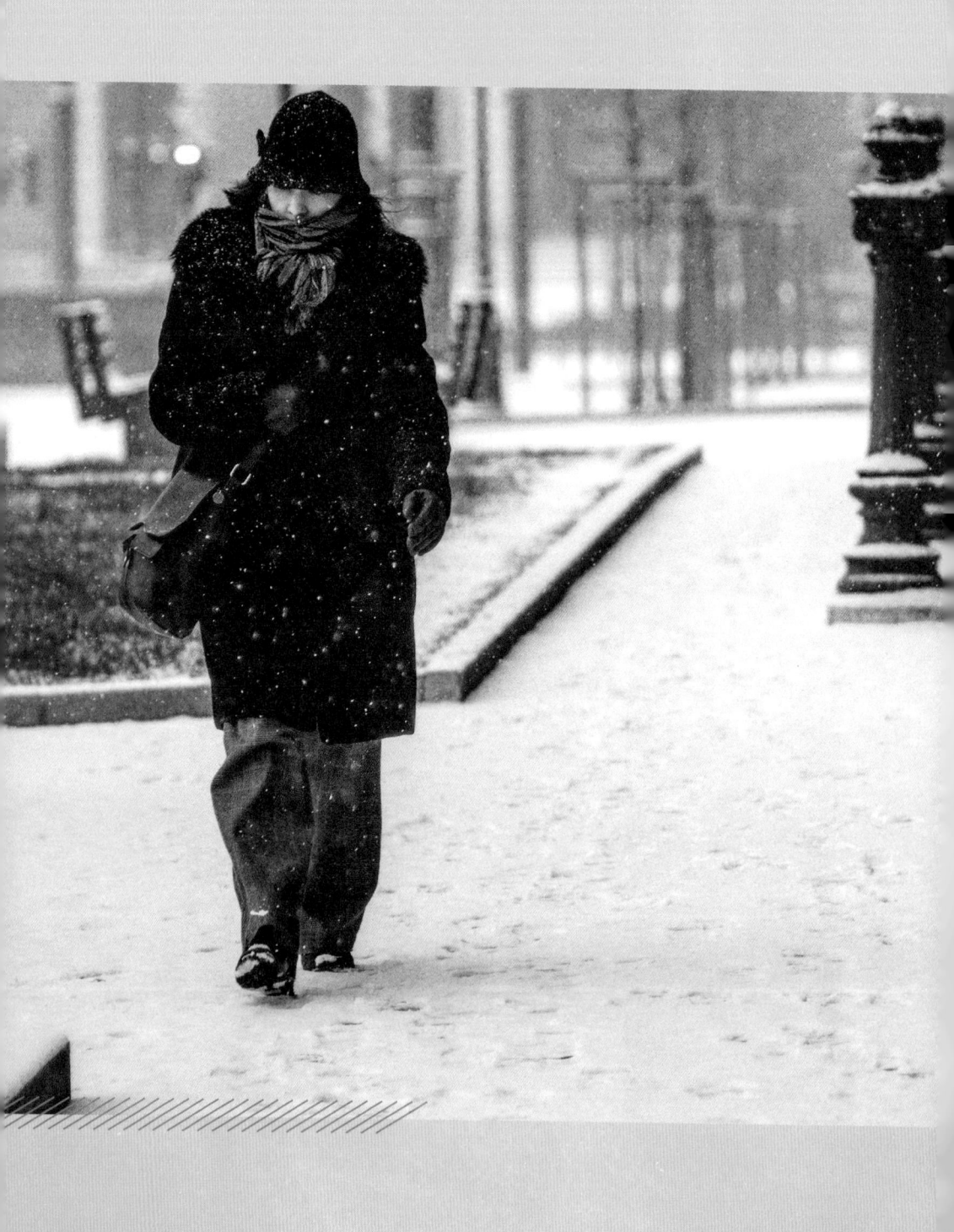

Chapter 5

致坚持
你的坚持，终将美好

努力过后，迟早有一天你会发现
人生最美好的光景不是收获的那一刻，
而是你在为了收获不断奋斗时，
一切都在一点点、慢慢变好的过程。

文●烟波人长安

你可以走得慢一点

> 电影和书是用来休息的，
> 不是用来制订计划的。

— 1 —

有一天，在外头喝多了，打了辆车回家。司机看上去慈眉善目，没想到开车不要命，一路风驰电掣，喇叭按得震天响。上一条窄路，他要超车，对面开过来一辆斯玛特，师傅连打两次方向盘，"嗖"一下从两辆车中间的缝隙窜过去，差点把后视镜废掉。我看得心惊胆战，酒一下就醒了。

"师……师傅，您着急回家吗？"我小心翼翼地问。

"回家？"司机皱起眉头，"我凌晨才收车，回什么家？"

"那您开慢一点儿，没关系。我也不着急回家。"我说。

师傅看我一眼。"年轻人，还挺惜命啊！"他说。

"安全第一、安全第一。"我只好说。

"我就喜欢开快车！"司机师傅一脸得意，"我跟你说，我开车技术是我们公司最好的，你别看那些什么富二代，晚上在大马路上飙车，都差远了！也就是我不去，我去了，他们能开得过我？"

我没说话，默默拉过副驾驶的安全带，给自己系上。

司机还在旁边絮絮叨叨，说他最讨厌限速和堵车，耽误工夫，说他就喜欢半夜路上没车的时候，说他上次送一个女的23点回公司赶工，40分钟车程的路，他20分钟就到了，那女的还夸他，说他把车开得又稳又快，让他很高兴。

"我这是时间观念强！"师傅强调。

"……是、是，您厉害。"

我听着，强忍住没说话，心想，我还是老老实实做一个惜命的人好了。

又转念一想，师傅说的那个女的，不会是小曼吧？

- 2 -

认识小曼的时候，我刚上班一年多。她叫小曼，却是急性子、工作狂，没有工作的时候，时间表也安排得满满当当，走路简直都要飞起来，恨不能一天有300个小时，和我这种得过且过的人极其矛盾。

Chapter 5

她周末约我吃饭,说好 11 点到。地方离我家近,我睡到 10 点起床,听着歌刷牙洗脸,坐在沙发上发呆,看看手机显示 10 点半,起身出门,一路晃荡过去。到商场大门口还剩 10 分钟,小曼的电话打过来。

"你在哪儿呢?"她劈头就问。

"商场门口啊。"我回答。

"哎呀!你怎么这么慢!"她数落我,"我都等你 20 分钟了!"

"……咱们说的是 11 点吧?"我有点儿懵。

"是啊!"小曼说,"可是你离得近啊,我以为你 10 点半就能到呢!"

"……那你直接约 10 点半不好吗?"

这种话当然不能说出来,我赶紧一溜小跑跑上楼。

吃饭的时候,小曼也一脸十万火急的模样,逼着我迅速点完菜,就开始撑着脸等,15 分钟里催菜催了 3 回,就差掀桌子和服务员打起来了。

"这饭店上菜这么慢,怎么开下去的啊!"服务员保证菜品过 5 分钟就上齐之后,小曼不满地说。

"你……有急事儿?"我问。

"没有啊。"小曼不停看手机,"我就是嫌他们慢。时间很宝贵的好不好?"

"你又没有急事儿,就慢慢吃呗。"我笑嘻嘻地说。

"这不是慢慢吃不慢慢吃的问题。"小曼说,"时间观念,你明白吗？算了，你这种能躺着就不坐着的人，肯定不明白。"

"……你下午打算干嘛？"我只好转移话题。

"下午去英语班。"小曼说，"下午2点到4点。5点我要去看一个画展，6点钟还有一个话剧，回家我还想看个电影，哎呀！忙死了。"

我眨眨眼。"今天是周末吧？"我问。

"是周末才忙啊！"小曼皱起眉头，"上午我还去上了个钢琴课，赶车，早晨7点就起了。"

"你很喜欢钢琴？"我又问。

小曼看看我。"也不算很喜欢。"她说。

"那为什么要学？"我接着问。

小曼有一分钟没说话。

"就……想学呗。"她说。

我"哦"了一声。

"英语班是不是挺有意思的？"我继续问。

"没意思。"小曼摇头。

"……那为什么要去？"我的思维已经凌乱了。

"正好有人向我推销嘛。"小曼说，"我觉得周末也还有时间，就去听听呗。"

我不知道该说什么。

"其实仔细想想，下午的画展，晚上的话剧，感觉也不是很吸引人。"小曼又说。

"……那就别去啊！"

"哎呀，这不都是要学习东西嘛！"小曼看到我的眼神，有点儿恼怒。

"这都是充电啊！"她说，"钢琴、英语、画展……都很重要呀。我今年给自己定了目标的，除了工作，要看50场话剧、100部电影，读60本书……"

她自顾自数着，我像看怪物一样看着她。

"总之每一天都很忙。"她最后说，"每一个周末也都很忙。所以我才对这家餐厅很不满意。时间观念，你明白吗？算了，你这种不求上进的人，肯定不明白。"

我又"哦"了一声。

对了，我们的菜呢？小曼又皱起眉头，一拍桌子："服务员！"

— 3 —

一顿饭吃得着急上火。我倒没什么，小曼一边吃一边不断看手机，几乎是掐着秒吃饭。20分钟她就吃完了，往座椅上一靠，掏出一堆教材，说要趁着英语课前的时间，回忆一下上节课都学了什么。我又吃了20分钟，还没有结束的意思，她干脆站起来赶我走，说我影响她集中注意力，什么都想不起来。

我满口答应着，慢条斯理地把剩菜打包。

——晚上还可以再吃一顿呢，对不对？

走出餐厅，我拎着一袋子菜和小曼告别。她说要找一个安静点儿的咖啡馆复习一下功课，转身就走。我看她踩着高跟鞋，急匆匆地冲电梯跑过去，"你慢点儿"一句话，没敢喊出来。

一看手机，才12点不到，刚才吃了什么，都没记住。

以后不和她吃饭了。

又转念一想，她这么大方，干嘛不吃？不吃白不吃。

于是，之后又吃了几次饭。

第二次也是一样，约好了一个时间，她非要提前半个小时就到，点完菜就催服务员赶紧上菜。钢琴课没学完，她又报了一个书法班，工作日也要上课，每天下了班往书法老师家跑。晚上22点到家，还要完成她的读书计划和电影计划，据说因为太忙了，进展十分缓慢。

我都是听着，不发表意见。

第三次吃饭，她已经放弃了钢琴课，说觉得自己没有天分，学不好，索性换成了咖啡班。英语还在学，但经常跟不上进度。有时候晚上加班，书法课也去不成，只好把一周5节课改为一周3节课。

第四次吃饭，她居然带了一本书，说她最近加班赶工，各项计划都不顺利，照这个速度，今年根本不可能完成读60本书的任务，所以要一边吃饭一边看书，节约时间。

第五次吃饭，整个过程小曼都心不在焉。我自己吃得很爽，快要吃完的时候，小曼手托着腮，忽然问我："你觉得那个英语课，我应该继续学下去吗？"

我嘴里塞着饭，愣愣地看着她。

Chapter 5

小曼叹了口气。"最近没有时间消化学的东西,有点儿跟不上进度了。"她说。

我拼命把饭咽下去。

"钱不是已经交了?"我问。英语课好像都挺贵的……能请多少顿饭啊!

"可以随时退的。"小曼回答。

"那你是想学,还是不想学?"我又问。

小曼没说话,向前趴在桌子上。

"不知道。"她说。

"我有点儿累了。"她沉默一会儿,接着说,"感觉最近做什么都打不起精神,书法课上得一塌糊涂,在咖啡班也不知道都学了些什么。但是不上这些课,又觉得对不起自己。"

"我就想让自己忙一些,"她又说,"不然就感觉自己在浪费时间。工作上也是,如果我不知道接下来应该做什么,我就会着急,很痛苦。"

我喝口水,不说话,心想,好像你现在就不痛苦一样。

"哎呀,不知道该怎么办。"小曼头枕着胳膊,慢慢说。我觉得今年的计划一个都完不成了……

"你应该休两天假。"我建议。

"别提休假!"小曼"噌"一下坐直了身子。"休假太可怕了。"

"……休假有什么可怕的?"

"你不觉得可怕吗?"小曼说,"早晨起来都不知道要干什么,稀里糊涂一天就过去了。"

"假期是用来休息的啊,"我循循善诱,"不知道做什么,就什么都不用做呗。"

"怎么可能什么都不做!"小曼睁大眼睛,"多浪费时间呀!"

"……和你没法儿沟通了。"

吃完了最后一点儿菜,小曼仔细想了想,还是决定接着学她的英语。我们离开餐厅,我往右拐,看着她继续踩着高跟鞋,飞快地奔赴上课地点。我犹豫了一下,还是没说出"你慢点儿"这句话。

再想一想,拿出手机,给她发一条短信。

——电影和书是用来休息的,不是用来制订计划的。

然后坐电梯下楼,只下了一层,小曼的短信就发过来:没想到呀,你居然认识"计划"这两个字。

……很稀奇吗?!

- 4 -

莫名受到羞辱,我决定短时间内不再理她。

过了两个月,眼看到年底。天真冷啊,平时除了上班,根本不想出门,在被子里扮演冬眠的熊。

一个周末,小曼打电话过来。

"今天有空吗?"她在电话里说,"出来吃饭吧。"

"……吃外卖可以吗?"我问。

"不可以。"小曼斩钉截铁地回答。

Chapter 5

"……我们家楼下有一个不错的饭馆。"我说。

"不去。"小曼说。

"价廉物美。"我强调。

"你家那边能有什么好地方？"小曼说，"不去不去。你赶紧出来。"

"……你考虑一下底层人民的感受！"

没办法，我乖乖穿衣出门，顶着寒风前往接头的商场。路上我都想好了，这次要狠狠吃一顿，花500块钱！

所以我连钱包都没带。

和小曼约的12点，差5分钟我到了商场门口，习惯性地掏出手机看一眼。

咦，居然没有打电话催我？

进门，上楼，快走到餐厅，眼看着小曼乘另一侧的电梯，正慢慢升上来。

……这个世界发生了什么变化吗？

"你居然没有提前到？"坐下之后，我惊讶地问她。

"我们约的12点呀。"小曼好像完全没有理解我的困惑，"哎呀，快点菜快点菜，我饿死了，11点才起，还没吃饭呢。"

……这个世界果然不一样了！

"对了，我换工作了。"小曼把手机往桌子上一放，轻描淡写地说。

"……你还有什么变化，一口气都说了吧。"我说。

小曼笑了。我愣了一下,这应该是这段时间以来我第一次看到她笑。

"变化?还挺多的。"小曼掰着手指头给我数,英语课退了,书法班也退了,最近一个月都没去看画展,也没看话剧……新工作比以前好一些,工资一样,但是很少加班。

我听着,眼睛越瞪越大。

"哦,还有,十月我去了趟医院。"小曼又说。

"打胎?"我问。

小曼一拍桌子。"看眼睛!"她怒吼。

"左眼老是看不清楚,滴眼药水也没用,就去找医生看了看。"她补充。

"什么原因?"我又问。

"医生说是用眼过度,加上过度紧张。"小曼说,"治疗方法是……多休息。"

"所以你就辞职了?"我继续问。

小曼喝着水点点头,想一想,又摇摇头。

"其实那之前一段时间,我就觉得哪里不太对。"她说。

"你还记得有一次咱俩去吃饭,我不是说,我要去看话剧吗?"她问我。

我点点头。

"看到一半,我就睡着了。"小曼说。

我目瞪口呆。

Chapter 5

小曼想了想，自己笑了。"那次睡得真香呀。"她说，"睡了半个多小时，快谢幕的时候才醒。"

"后来我就心想，我把自己搞这么累，为的是什么呢？"她接着说，"学东西？可我什么都没学会，天天跑来跑去，好像学了很多，但根本记不住。培养自己的文艺细胞？我根本就不喜欢画展，看话剧都能睡着，好像也培养不了什么。"

"我老是觉得，"她又说，"要严格利用时间，让自己过得充实，可是我只是在到处赶场子，回到家以后，脑子一片空白。而且，自从给自己定了计划，我连电影和书都不能好好地看下去了。"

"然后我就突然明白，为什么你说电影和书是用来休息的，不是用来制订计划的。"小曼说。

嗯，感觉我很厉害的样子。

"我当时就决定，要好好休息一下。"小曼笑着说，"换个工作，改善心情，睡个懒觉，无所事事地晃一天，想想我真正感兴趣的是什么，集中精力做好那一件事。"

我仔细想了一下。

"你刚才说退掉了很多课，"我慢慢说，"但是没说退掉咖啡班。"

小曼用力点头。"这就是我现在最想学的东西呀。"

"我是个闲不住的人。"她说，"可能将来会继续学书法或者英语吧，不过要在我真的上完咖啡班之后了。"

我也点点头，感觉心里松了一口气。

啊！心情真好！吃饭吃饭！

小曼没有隔五分钟就催一次服务员上菜,她认认真真地吃了一顿饭,看上去很开心,于是,我也吃得很开心。

唯一的遗憾是没有吃够 500 块钱。

算了,以后有的是机会。

这次离开餐厅的时候,应该也不需要我说"你走慢一点儿"了吧。我心想。

然后我想起来,小曼出现在餐厅门口时,穿的是一双平底鞋。

嗯,应该不需要了。

我举起筷子,去夹面前的一块儿肉。

文 ● 鹿人三千

好好吃饭的姑娘，
你甚是威武雄壮

> 我心中的女神，
> 是那种一个人生活能"活出一朵花儿"来的姑娘，
> 玫瑰、牡丹或者莲花，各有各的美，但不是每一朵花，
> 都能让人觉得生活很美好。

其实能让我这种奇怪的人心甘情愿地叫女神的姑娘，只需要做到一条就好了，好好吃饭。

你觉得很简单吗？

不好意思，我身边异性朋友不少，能做到这点的，寥寥无几。

日前阿星跟我吐槽，说她天天加班，想做个水果沙拉都感觉抽不出时间。我一脸嫌弃："懒就直说，做个水果沙拉才多长时间？"

她摇摇头："回到家，卸妆洗澡过后，除了床，除了躺床上玩手机，什么都不想做。"

我沉默半晌，阿星就职于一家新媒体公司，薪酬不低，但架不住这种高脑力工作的损耗。除了要你反复修改最后还是觉得第一个版本最好的奇怪甲方，还有就是不在其位不解其乏的老板，在这种来来往往人员变动特别快的新媒体公司，这种累大抵是从心底涌出来的疲惫吧。

"周末除了睡觉就是一头扎进夜场发泄一下积累的情绪，你看半年多下来，我皮肤都烂成什么德行了？"阿星叹口气，"早上7点多起床，匆匆出门，9点之前踏入公司打卡，一直到晚上8点多钟，中午点个外卖打个盹，每天都这样。"

我细细观察，阿星本身是一个很符合现代男人审美标准的漂亮姑娘。我可能看不出来特别细微的东西，但至少，我能看出她精致妆容下怎么都掩饰不了的憔悴。

"以前上学那会儿，每天保证吃水果蔬菜，各种想着法儿均衡营养，每天学习也很累，但还是没现在这种风都能把我吹跑的感觉，你说这是为啥？"这一会儿工夫，阿星不停地刷新闻软件，生怕错过一个热点资讯。

我叹了口气："好好吃饭很重要，真的。"

她一愣，似乎有点苦笑："对啊，现在只是随便吃点儿了事……"我打断她的话："不，星姐，好好吃饭只是个很接地气的目标，其实更多的是让你平衡工作和生活。"

她皱皱眉头："什么意思？"

Chapter 5

"做一顿饭，你会觉得很放松，原本随时都紧绷着的神经放松下来。好好做个饭摆个盘，心情自然也就变得舒坦了，然后再去做高负荷的工作，也算有铠甲可以抵御，而不是像现在你这样，恶性循环。换作是我，本来工作烦心事儿就多，吃饭还马虎，得不到愉悦，我指不定就要暴走了。"我耸耸肩。

阿星点点头，想了想，没说话。

我哈哈一笑拍拍阿星的肩膀："那话怎么说来着，孤独的人你要吃饱。在我看来，不仅孤独的人要吃饱，那些钢筋水泥构建的牢笼里的猛士，更要吃饱。赚钱是很重要，但我还是觉得，好好吃饭是最重要的。"

兴许是这次偶遇聊天被一向高效率的阿星重视了起来，她开始每天更早起床只为专心做个早餐，晚上下班再累也要买菜买水果。

一两周过后我又一次偶遇她，彼时她话语多了不少，眉眼带笑显得精气神儿十足。

"爽子，你别说，一好好吃饭感觉烦恼少很多，最起码我觉得夜里睡得很踏实，白天做起事情来感觉脑子也转得快。"她手里提着一个口袋，口袋里有两个火龙果。

"真好。"我心里如是想。

"人在吃，秤在看。"我嘴上如是说。

"泼猴讨打。"她很没淑女风范儿地给了我一拳，我们嬉闹一阵挥手再见。

那会儿我看到站在公交车站跟我拜拜的女孩子，妆没有那天的浓，但是人却比那天给人感觉舒服了很多。

也许好好吃饭真的很重要。

其实回想起来，身边除了热爱健身的女孩儿，是热爱，发自心底地喜欢健身，而不是那种去趟健身房只为了拍个照发社交软件的姑娘，她们会很注重吃喝，其余的姑娘在饮食习惯上或多或少都是有问题的。

10个姑娘中有6个早上不吃饭，还有两个常年吃夜宵，剩下两个……光吃不动然后开始自嘲喝凉水都长肉。

科学数据什么的写上来就没什么意思了。早饭多重要，夜宵多不好，这些我觉得都是基本常识，但现代生活似乎都这样，越是常识反而越是没人在意。

煮个鸡蛋，抹个黄油面包片，喝杯热牛奶，也就是几分钟的事情，我也能够理解，都让人欲罢不能，但是你稍稍咬牙改变一下，或许会改变很多。

实际上身体不愉悦，它就会弄得你心情不愉悦，就会弄得你生活不愉悦，最后你就会发现，区区一个不好好吃饭，居然极大地改变了一个人的生活，这是多么可怕的事情。但是，这又是多少姑娘正在做的事情呢！

哪有人不喜欢健康积极的自己呢？而往往生活的精致程度是和好运成正比的。就比如阿星精神面貌越来越好，公司很多机会都落在她头上，她的职位上升了，收入也相应提高了很多，进入了很明显的良性循环，而和她同时进入公司的姑娘，和以前的阿星没什么两样，毫无改变，每天怨气十足。

Chapter 5

其中的原因，只是阿星好好吃饭了。

这年头会打扮、长袖善舞的俏花旦多了去了，对吃青春饭的姑娘，我也没资格去声讨别人什么，这是傻子的行为。但真的，**我心中的女神，是那种一个人生活能"活出一朵花儿"来的姑娘，玫瑰、牡丹或者莲花，各有各的美，但不是每一朵花，都能让人觉得生活很美好。**

我写这篇文字，只是因为恰好合租的室友说了一句："吃早饭的我和不吃早饭的我简直就是两个人啊！"

我开始思考我的朋友们的饮食习惯，但要找出一个教科书般拥有完美饮食习惯的人来，挺难。接着我就想到了阿星，以前那个只是觉得模样挺好看的阿星，后来我能心甘情愿叫声女神的阿星。

生活没有什么大道理，你看，好好吃饭的姑娘，你威武雄壮。

文 ● 袁小球

好朋友就是
彼此的水军

> 我们在成就彼此的过程中,
> 锻造出了属于自己的灼灼岁月。
> 我们勇敢地出现在彼此的生命中,
> 注定成为彼此的水军。

小七和星星一起做了一个公众号,发布的第一篇文章就叫作《好朋友就是彼此的水军》。几个月过去了,依然是粉丝数为2,阅读量为2,点赞数为2。我问她们为什么要做这样一个没人看的公众号。小七说,为了记录彼此之间发生的故事;星星说,为了纪念彼此充当对方水军的美好时光。

什么是好朋友?

她俩异口同声:好朋友就是彼此的水军。

我深以为然。

刚读本科的时候,我热衷于参加各种文学比赛。一方面确实因为自己年少轻狂，总觉得有才华无处施展；另一方面也是课程轻松，多出来的精力无处释放。

单单是文学比赛自己还应付得来，偏偏有一次莫名其妙地打入了一个音乐文学比赛的决赛。什么是音乐文学比赛？就是除了比常规的写作，还有唱歌、填词等环节。对于一个五音不全又记不住歌词的人来说，似乎退赛才是唯一出路。但偏偏年少轻狂的我不肯退赛，只苦了我的一帮好朋友，白天要帮我拉票，晚上要陪我记歌词。

决赛有一个投票环节，占了很大比重，但需要从初赛就开始拉票。我读大一的时候，智能手机还未普及，大部分人用的还是诺基亚的小砖头，投票只能靠手机发送短信的方式。为了帮我拉票，朋友把我的文章印成宣传单在学校里发放，每张宣传单下面还贴了一个一毛钱的硬币，美其名曰"补偿短信费"。

我一边吐槽着朋友的办法太傻，一边看着朋友在阳光下发传单格外心疼。我很多次都在心里想，退赛吧，反正也是一个不怎么重要的比赛，何苦这么为难自己，也为难朋友呢？但每次话刚一出口，就被朋友围成一圈教育，最后也只能硬着头皮走下去。

那是我大学参加过的最后一个文学比赛。记忆太过深刻，深刻到从那以后，我对各种比赛都怀有一种敬畏感。因为我深切地感受到，无论胜利与否，我从来都不是一个人在战斗。

多年以后，我笑着问一个朋友，你还记得读本科的时候我参加过的那个比赛吗？朋友想都没想，拍着我的头说，当然记得，我们可是为你拉票的庞大水军。说这话的时候，她已经是一个两岁小朋友的妈妈了。脸上青春的痕迹依旧留存，却多了一分属于母亲般的柔情。

她像看孩子一样看着我，数落着我为什么还没男朋友，数落着我为什么还不结婚，数落着我为什么还像从来没长大一样。我知道我为什么还停留在时光深处，因为，她们是我身后强大的水军。她们分担我的忧愁，承担我的痛苦，她们永远看着我，就像我知道她们永远都在。

看《阳光姐妹淘》的时候，我笑着流泪。看着当年的 Sunny 团体重新聚首，穿着青春洋溢的校服去教训高中生的时候，我知道，她们还是当年那群无惧无畏的小女孩儿。"有一些人，他们赤脚在你生命中走过，眉眼带笑，不短暂，也不漫长。却足以让你体会幸福，领略痛楚，回忆一生。"

尽管我们不曾身披战袍，勇戳岁月的脊骨，但我们亦曾放肆地嘲笑年少轻狂的无知。在那些放肆的岁月中，我们是主角，亦不是主角。我们在成就彼此的过程中，锻造出了属于自己的灼灼岁月。我们勇敢地出现在彼此的生命中，注定成为彼此的水军。

在朋友圈复制某条店铺广告，集齐多少个赞就可以去店铺兑换某个奖品，这是我们经常看到的内容。有的消息是真的，有的消息是假的，年轻人常常一笑翻过，阿姨们却是兴致勃勃。我妈妈就是其中的一员。

自从妈妈学会了怎么玩朋友圈，就开始乐此不疲地参加各种集赞送奖品活动。大到店铺 VIP 会员卡，小到化妆棉、柠檬杯、洗发水，包罗万象，无所不有。

"亲，帮我给朋友圈第一条点个赞。谢谢，么么哒。"

有时候看到妈妈群发过来的消息，我也是一阵恶寒。原来不只是淘宝店主能够让我的竖毛肌颤抖，我妈妈也是可以的。鸡皮疙瘩这种东西真是撕开了我隐藏的内心，让我对这个世界又坦诚相待起来。

鉴于我对妈妈的朋友圈不是很了解，我总是怀疑真的有那么多人给她点赞吗？但每次她兑换回来的奖品总是啪啪地打我的脸，向我验证了一个中老年妇女的朋友圈是多么强大。

有一次我和妈妈一起逛街的时候，迎面走过来一位阿姨。阿姨抬头看到妈妈后，热情地挽着妈妈的手站在路边开始聊天。我一边无聊地踢着脚边的石子，一边竖起耳朵偷偷地听她们聊天。两个人从诗词歌赋聊到了人生哲学，从星座八卦聊到了邻里趣闻，只差在路边煮酒，探讨一下家国大事。

就在我百无聊赖的时候，谈话终于进入了尾声。眼看着那位阿姨即将挥手告别，她忽然掏出手机，一脸严肃地说道："你昨天集赞够了吗？我昨天看到马上给你点赞了。如果还不够的话，我让我女儿加你，点完赞你再把她删了。"阿姨的神情格外认真，认真到我不忍心去笑。

我们总是习惯于以我们的思维去衡量这个世界，就像我们觉得朋友圈集赞是多么无聊且幼稚的一件小事。这件事情和我们的工作、学习、娱乐相比，似乎微小，也太低俗。但是，在妈妈们的眼中，这就是生活中的一件"有趣的事情"。为了这件"有趣的事情"，她们愿意去充当彼此的"水军"。

原来真的有一种关怀，就叫"点赞之交"。

其实换位想想，当有一天我们也为柴米油盐所累，奔波于家庭和工作的忙碌中，我们对友谊也会有一种新的界定。于友谊而言，无所谓比较。和你分担痛苦、忧愁是一种关怀，给你点赞未必就不是一种珍惜。年少之时，我们没钱却有时间，于是我们愿意花大把的时间去寻求朋友的陪伴；长大之后，我们有钱却没有时间，于是我们愿意给朋友买贵重的礼物，愿意在朋友结婚的时候送上厚厚的红包，这不代表友谊的消散，只是我们换了一种表达友谊的方式。

当你需要集赞的时候，我为你增加一个，这是我在平凡岁月中对你的思念。

当你需要拯救的时候，我亦会披上岁月的战甲，为你披荆斩棘，浴血奋战，救你于颠沛流离之中。无论前方敌军几何，我永远是你身后永远击不退、打不完、赶不走的强大水军。

这就是我心中关于好朋友的所有定义。

不伟大，亦不卑微。

文 ● 丧心病狂的小坚果儿

我不是没努力，
我只是比较晚才闯出了一片天

> 努力的魅力就在于此：
> 明知要走很长的路，
> 还是会义无反顾地踏上征途。

千万别期望你的努力会"长"得多快，长得快的都是杂草。把你的努力当成茉莉，一季怒放，开出来的都是芬芳。

这个世界上，有些努力是不会立竿见影的。

我5岁时，幼儿园的其他小朋友已经能认识很多汉字，而我依旧还在费劲地尝试要记住自己名字的写法。

7岁时，因为学不会拼音，我被老师怀疑是弱智，那个矮胖的中年女人让我爸妈带着我去医院查智力，什么时候拿回智力水平正常的证明，什么时候才能回教室上课。

9岁时，老师在我没有背出《静夜思》时当着全班同学的面对我说："你长大了最多也就能混成个收废品的。"

15岁时，初三的班主任告诉我："你这脑子不适合参加中考，现在找个技校去上，还来得及。"

19岁时，我高考失利，只考取了一所大专院校，还是不入流的大专院校。

22岁那年，我大学毕业，几经周折才找到了一份一个月工资800元的工作。

3年前，我25岁，一个相亲的女孩儿得知我月薪3000元后对我说："20年后，当我们都快要40岁的时候，还要去挤罐头似的公交车，住在租来的房子里，过生日时才敢去一趟西餐厅，活得要多狼狈有多狼狈。这就是我能想象到的和你结婚之后的日子，所以，对不起。"

去年春节时，我27岁，我妈带着我去参加她的同事聚会。席间，她的同事们开始有意无意地显摆自己的孩子多么有出息：一个是学生会主席，刚刚被保送211名校的研究生；一个在银行工作，月入7000元；还有一个做微商，听说没少卖面膜。说到我这里，他们都陷入了沉默，气氛有些尴尬。当时我刚刚辞职，处于待业状态，有人恰到好处地说了句："杨小和这孩子也不错啊，这不一直没给家里惹什么麻烦嘛！"于是，大家喜笑颜开，尴尬被驱散，又是一番其乐融融的景象。

30岁前经历了这样的人生轨迹，"潜力股""年轻有为""×市十大杰出青年"这些头衔注定与我无缘，我遭受到的是有人一辈子都没见识过的冷嘲热讽、贬低和白眼。

但很少有人知道，在这段时间里，我不是没努力过。

幼儿园时不会写自己的名字，我就每晚缠着爸爸教我。我当时并不理解奋斗的含义，我只是觉得，别人会的，我也应该会。你们见过一个才五岁的孩子，连续三个晚上在一张纸上歪七扭八地写一百遍自己的名字，一直写到半夜吗？

学不会拼音的我曾经心急如焚，我付出每天一包零食的代价去央求同桌帮我补课，我告诉她，"我很笨，如果我学起来不用心，你可以随便打我。"

当老师清晰地给出我的"职业规划"时，我当晚就哭着把《静夜思》抄了50多遍，抄到第20遍的时候我爸说："别抄了，你早就背过了。"我仍旧不敢相信他的话，我一遍遍地抄，固执地认为只有抄够50遍，我才能背诵这首诗。背过这首诗，我以后才不会成为一个"收破烂"的。

我对不让我参加中考的班主任的回答是："老师，我一定要去参加中考，我觉得我能考上高中。"当时，为了提分，我已经背了很久的历史和政治。

进了大专院校，我反而看开了。3年下来，我一直从图书馆借读英语小说，自习室几乎成了我的第二个宿舍。舍友去网吧、聚餐喝得酩酊大醉时，我一直在书中寻找着一块只属于自己的净地。

800块钱一个月的工资不够花，我就开始做英语家教，无论再远，酬劳再低，我也去。寒冬腊月，我坐一个多小时的公交车去学生家里，就为了两个小时 120 块钱。我开始写作，在网上投稿，获过奖，不多，但从那时起，我写作的习惯坚持了下来，6 年了。

相亲女揶揄我的时候，我其实挺想告诉她，虽然我们家不是拆迁户，但我努力到现在，已经可以不用父母的钱来买辆"还说得过去"的车。我们家可以全款在我居住的省会城市买一套 100 平方米左右的房子，我能够出得起全款的三分之一。

我妈的同事们在鼓吹他们孩子多么优秀的时候，我也想插一句嘴："叔叔、阿姨，我虽然没了工作，但我并没啃老，我可以凭能力保证自己不愁吃穿。我真的一直在努力，没有心安理得地做一个无业游民。"

曾经，长时间没有回报的努力也让我产生过一丝动摇，我经常会想自己所做的一切到头来可能就是一场"镜中花，水中月"似的徒劳。

当初不顾亲友阻拦，任性地选择了我喜欢的英语专业，这个选择真的正确吗？花费了大量时间写东西，我真的能写出什么名堂吗？这些问题总会在夜深人静时变得格外可怕。看不到前方的亮光时，我不得不痛苦而又执著地在黑暗里跌跌撞撞地踽踽独行。

终于，我有了一个看起来有些"另类"的想法——我要玩儿命地努力，去证明天道酬勤是一个伪命题，我要把自己当成一个失败的案例去向世人宣布：一分耕耘，不一定会有一分收获。

幸运的是，我去对抗积淀了千百年的真理，这一自不量力的行为终究失败了。

英语专业的选择当然正确，它让我有了一技之长并靠此糊口；虽然到现在我还是没写出什么大的名堂，但成了简书的签约作者还是让我感到自己的努力并不是"愚蠢的固执"。

努力的魅力就在于此：明知要走很长的路，还是会义无反顾地踏上征途。努力过后，有一天你迟早会发现人生最美好的光景不是收获的那一刻，而是你在为了收获不断奋斗时，一切都在一点点、慢慢变好的过程。

我觉得我的经历像极了郭靖，这个平庸却又特殊的大侠天资愚钝，他没有乔峰那种超高的武功天分，也没有张无忌、令狐冲在机缘巧合下习得绝世武功的奇遇。但他一旦学会一种武功，是一辈子都忘不了的那种深刻。

这世界上，单单就是有一类人，像我一样，不是没努力过，只是比较晚才闯出了一片天。

文 ● 尹沽城

我们总是习惯
为自己找借口

> 把找借口的时间都用来成就自己，
> 也许你就能走出半亩方塘，
> 照见天光云影。

— 1 —

我是一名重度拖稿患者。

编辑催稿，我说："我这两天在看一本书——《鳄鱼街》，这小说写得太梦幻了。你要不要也看看？"

第二天，编辑继续催，我说："昨晚熬夜写来着，不满意，就删了。今天起晚了，还没找到感觉。"

编辑无奈。过两天，他很生气，问我写得怎么样了，我说："我马上交。家里停网了，现在不能发邮件。"

他说："你用手机开热点，赶紧发过来。"

我说："哥啊，你再等等，我要最后检查一遍错字，再给我 3 小时。"

"3000 字的稿子，用得着检查 3 小时？"

我只能装作没看见，掀开电脑，抱起蓝牙键盘，手指灵动飞舞，落笔三千。逼到墙角的狗，自然就学会了跳墙。等到交稿，才如释重负，感觉心里悬着的铅块坠地了。解脱后，一派青山千古秀。

回看这三天，我其实就在玩"植物大战僵尸"，看美剧《权力与游戏》，饭都是点外卖，翻开的小说凝固在某一页，床懒得下，睡得头疼。电脑屏幕上的 Word 始终空白一片。要不是截稿期至，断不会迫使自己端坐书桌前，敲出一个个汉字。似乎毕生的才华都用来为自己寻求恰当而不失礼的借口了。

- 2 -

同屋的室友，在华策影视工作。毕业两年，一直驻守在行政岗位，工作任务多是合同、开会、整理公司的日常事务资料、应对总经理及总裁的一些日常安排等等。琐碎、贫乏、无趣。

我们都知道，在传媒这一行工作，跳槽是给自己镀金的一条途径。固守岗位，有多数的可能就把自己给虚耗了。尤其是他，每天早上 7 点半出门，挤公交车上班。每天都加班，回家时间一般是晚上 9 点。忙碌时，多会加班到晚上 12 点。星期天，公司也不会放过他，某明星的经纪人需要盖一个公章，他就得风尘仆仆地赶过去。

关键是，加班没有工资。

他想过跳槽。

我说："跳！"

他说："不过现在也不合适，办公室就两个人，我要是走了，我老板肯定忙不过来。"

一段时间后，办公室来了新人。我说："现在可以辞职了吧？"

他说："争取到年底吧，不然两个月工资的年终奖和年会抽奖就没了。"

来年，他又说："也不好跳。我想去项目部，但是我老板这边肯定不放人。出去找，待遇和资历肯定不如现在。"

此后，辞职跳槽的这个话题淹死了。

- 3 -

生活中充斥着形形色色的借口。

有的，是为了逃避当下；有的，是为了逃避未来；有的，纯粹是出于怯懦，不敢，不行。

年轻时，母亲常对父亲说："咱家的地理位置四通八达，把房子改装成洗澡堂，肯定赚钱。"父亲怕弄坏了房子，怕人来人往的，劳心费力，怕收不回本，怕瞎忙活，每次都能用一个看似合理的借口灭掉母亲的提议。母亲说："要是那会盖了洗澡堂，早就发了。"

上学时，有同学叫我出去吃饭，结识一些厉害的师哥师姐。我都会用"我得写论文""我已经有约了""我这两天要忙一件事，不能再拖了"作借口，谢绝一切有陌生人参与的饭局。不是因为我不想多交朋友，而是我怕。我怕生，怕自己不会说话而出丑，怕自己长得不帅而别人要玩自拍。

我曾说，等我赚到钱，我要买一辆摩托车，从北京骑行回山西老家。路途，带一本书、一个笔记本、一个帐篷、足够的钱。骑累了，躺下读书；天晚了，帐里入眠。沿途能蹭饭时，绝不迟疑。来一场小小的轰轰烈烈。结果呢，等到我有了上万的稿费，等到我有了固定的工资，等到我有了充裕的时间，计划还停留在萌芽阶段。别人问起，我会说，摩托太危险，不能买；我是路盲，不安全；尘土飞扬，雾霾漫天，暴雨将倾，冰雹已至，人贩子猖獗。大半个中国发生的新闻都能算作我的借口。

- 4 -

每次为自己找借口，紧随而至的，是对自己的愤怒。

王小波说："人的一切痛苦，本质上都是对自己无能的愤怒。"

无能，就是懦弱。

面对未知，面对坎坷，面对一切我们自身没有把握的事，我们善于将自己的懦弱伪装得别具一格。

所有人都说，我们要努力。可努力是什么？

努力就是你足够自律，足够专注，且拥有足够的执行力。在特定的时间地点可以将自己安置在所感兴趣的领域中学习精进；一旦进入学习状态，就再不思虑手机里的暧昧对象和时事新闻；剩下的，就要看你的学习效率。

重要的是你要让你的屁股足够安分，足够热爱椅子；让你的手指和键盘建立深厚的情意；让你的下一秒，做的是你所认为最重要的事情。

一切借口的诞生，都只是因为你的怯懦。一切借口的生效，都是因为你不明白时光短浅。尤其是年轻人，你才二三十岁，你一定要想明白一个问题：

你眼下做的是不是最重要的事？如果不是，那么，你在做什么？

就像拖稿癌症患者的我。我渴望成为一名作家，最佳的也是唯一的途径，就是读书与写作。当下，花在聊天、看无意义的新闻、游戏及睡懒觉上的时间，都是在谋杀自己的梦想。凶手，就是自己。

于我室友而言，我更鼓励他辞职。不要过早地将自己的人生框定在一个岗位上，做着细碎的工作，难以精进自己的业务能力与视野。年轻，最大的好处就是容许你犯错。错了，不怕从头再来。哪怕工资低些，不去尝试，怎么知道别的部门和环节的别样风景，怎么知道自己究竟更适合做什么，怎么知道人生的另一种选项？

别总是习惯为自己找借口，这也不行，那也不能，现在不可以，再等等看。只要你足够热爱，就足以支撑你在下一秒做出最炙热的决定。摔得灰头土脸也好过平庸乏味地蜷缩在深井里，对着苍天白云自怨自艾，不去改变。我们年轻，就是去拼去闯的最大资本。

把找借口的时间都用来成就自己，也许你就能走出半亩方塘，照见天光云影。

文●佰稼

你的痛苦，
不过是没有满足自己的欲望

> 人是不需要去追求快乐的，
> 当你去追求快乐的时候已经不快乐了。

- 1 -

一封读者来信：

我看了你的书，很佩服你，从小就那么努力学习，懂得去为自己的未来奋斗。我也是"90后"，对比之后，自己真的很惭愧。感觉很没用，很多同龄人都有所成就，都很有前途，可我现在还是一事无成、一无所有，现在的痛苦都是自己造成的。读书的时候不知道努力没考上大学，该工作的时候还在混日子，没有目标变得越来越懒惰，活得很空虚，生活没有一点意义。

直到现在我才醒悟，真正体会到了没有能力就没法生存，开始无比后悔我过去浪费的时间。知道后悔没用，但忍不住想到我虚度的光阴、浪费的青春，心里就很痛苦、很难受，想想我怎么会那么蠢，不知道珍惜时间，觉得很恐慌，我和别人的差距已经很大很大了。

这些年别人都在进步，学习各种技能，只有我这个蠢货在浪费时间。文凭没有，像样的工作经验也没有，没有一技之长就没有立足之地，更别说取得成就。未来看不到希望，找不到生活的意义，我真的不想甘于现状，我很想重新开始，可我觉得已经来不及了。我差太多了，很难受、很迷茫，我没法和父母说，我知道没人可以帮我，只是心里憋得受不了，冒昧地请求你能给我一点建议也好，非常非常感谢。

其实我的经历实在是平凡至极，不是波浪起伏的人生，也没有蜿蜒曲折的传奇，我只是一个普通的人，我想世上很多很多人都跟我一样，只有普通的生活和经历。

不是每一个人都是韩寒，天之骄子，年少成名；我们也不是吴亦凡，年纪轻轻，才华横溢，唱歌、跳舞、演戏轻车熟路，粉丝遍布全国。但普通人也有普通人的人生，我没有想要我的人生不平凡，我只是一直试图让自己的人生与别人不一样。因而，踽踽独行。

人，最重要的是，要去过自己想要的生活。

要过自己想要的生活，得付出代价。不管是过去，还是现在，我一直都在按照自己的节奏去往自己想要的方向。

- 2 -

我的姐姐、姐夫，收入不是太高。我的姐姐在老家带小孩，顺便在镇上的一家服装店卖衣服，每月收入1500元。姐夫在外地工作，收入也不是很高，他们只是一个普通的打工者，工作10年的时间里，每一年存30000元。他们今年在县城买了房子。

对于我的父母而言，几十年之前，他们可能连饭都吃不饱，住的房子漏风漏雨。现在只要有吃有穿，能吃上肉，可以穿好看的自己喜欢的衣服，一家人健健康康，一年有几次团聚，这就算是无与伦比的幸福了。

在生活的低谷时，我时常告诫自己，我还有一条命，反正也死不了，怕什么。

这个时代已经饿不死人了，生存是一件很简单的事情。即便是去餐厅或者咖啡店当一个服务员也还是可以养活自己的。我之前在大理，认识很多人，有女生，辞掉上海的工作，到大理在咖啡厅里做服务员。有人就在青旅当义工，包吃包住就行。即使什么都不会，就算是去路边帮别人洗车，也可以养活自己。

最怕的是说"我不愿意"或者说"我不喜欢"。

- 3 -

因为之前的迷失,造就了现在的局面,我们已经无法改变过去。

但我一直相信,人,之所以为人,是有天赋的。

我有时盯着镜子中的自己——苍白瘦削的脸孔,小巧的嘴巴,零碎的短发,大而透亮的眼睛。我没有绝美的容颜,却也并不难看。但镜子中的我,我好像并不认识。我时常觉得,它与我并没有什么关联。

我时常觉得自己与这个世界没有任何关系,自己与他人没有任何关系,包括亲眷,包括朋友,包括恋人。

我会在生活中扮演讨人喜爱的角色,但我知道,这不是真正的我。真正的我,不喜欢说好听的话,不喜欢奉承他人,对他人没有一点兴趣。

像动物,像石头,美丽而冷酷;像死去,充满难以探究的生命秘密。

业余时间,我喜欢阅读书籍,通过阅读,可以与上百年上千年以前的人交流碰撞。读的时候,我喜欢轻声念读,用音节把文字拼合。文字与文字之间的组合可以产生巨大的力量,它们将文化流传,将历史记载,把情感记录表达……我一个字一个字地读出声来，力求可以刻印在自己的脑海里。我用无印良品的0.5毫米的水芯笔，尤其喜欢用深蓝色、红色、深绿色笔，把喜欢的句子和精准的字词画下来。

我经常买书，反复阅读。喜欢的书籍，我会买精装的纸质版，会买排版舒适的电子版，会在喜马拉雅电台上再听。因为搬家，把书籍送人了，某一天会因为突然想起那本书，然后再买一本。即使是我买过、看过、画过的书。

工作有收入后，我也喜欢去电影院看电影。喜欢的电影我会看第二遍，甚至第三遍。通过看网上的预告片或者朋友的推荐，或者网络的推荐，确定自己是否需要看这部影片。通过一个预告片，我大概能猜测这部电影的票房以及电影的质量。

我更偏重那些关注内心、探讨生命、追究人性的影片。

那是好电影的追求。

因长期在外，孤身一人，已学会自给自足，不需要任何人的给予。我拥有自己的一个世界，在自己的世界里任意翱翔，来去自由。一个人去餐厅吃饭；生病时独自去医院打针，虽然从幼年起，便惧怕针尖；兀自做旅行攻略，长途旅行，乘飞机、坐的士、搭踏踏车，单独住宿……

只有因为工作的事情才与人保持交流。

我有时觉得自己很无情，过去的衣物扔掉，老照片删除，家中不需要的东西全部扔掉，关于过往的一切不留痕迹地销毁，甚至斩钉截铁地与过去的人砍断联系。在内心和外部环境，始终保持精简。那些旧物常常让我觉得物是人非，令我伤春悲秋。

小时候，总想着要过什么样的生活，但现在我只想成为一个俗世的人，有适量的资金，安静生活，吃好每一餐，善良对待身边的人……当钱够用了，就不应该把钱当作生活的目标了，应当去寻求作为一个人可以去探索追求的东西。

我开始从物欲所带来的快乐中解脱出来。

我不需要一辆看起来酷炫、被他人啧啧称赞的兰博基尼或玛莎拉蒂。我有一辆代步的别克车，开了两年，行驶接近三万公里，还没怎么修理过，应该还可以有足够强的生命力，让我驾驶它走大半个中国，挺好的。

我实在是不喜欢住高楼大厦，不喜欢住在云端，老是感觉高大的建筑房屋会塌掉，没有安全感。不喜欢住在城市里，每天闻汽车尾气，每天听汽车喇叭声，每天酒肉穿肠过。现在的我喜欢上大海、湖泊、花草、树木、蓝天、白云、青山、牛羊、书籍、雨声、鸟叫……自然界的万物。

以前，我迫不及待地想逃离，逃离出那迂腐麻木的村庄，逃离

Chapter 5

出那破旧凋敝的村庄。青年时我到处旅行，到别的国家旅行，可现在我哪儿也不想去。我想找个面朝大海背靠青山的房子，每日春暖花开。

这是我的幸运。不必为了去享受金钱所带来的成就感和权力感，而一条道走到黑努力去成为社会所谓的精英。我可以称心随意，看看大海，闻闻花香，听听鸟叫雨声，每天就无比的快乐。

许多事情，已经不太去计较了，对了又怎样，错了又怎样，失去了又怎样，得到了又怎样。本来无一物，何处惹尘埃？

经常会有朋友问我：你快乐吗？做这件事快乐吗？

其实一直以来，我并不知道快乐是什么。快乐是什么？谁能告诉我？快乐和幸福的区别又是什么？

我认为人是不需要去追求快乐的，当你去追求快乐的时候已经不快乐了。

还是"不以物喜，不以己悲"的好！

人只有凭自己的天性，才有可能做成大事！写作一样，商业一样，能成就成，成不了，认命吧！

你能做什么，是命中的事情，若想通过努力、计谋、权术等获得成就，这是无望的事。

- 4 -

以前我也一直困惑人生的意义,但后来想通了,**如果我是一棵草,那我就像草一样活着,接受雨露阳光,有一年的寿命也是好的;如果是树,就扎根,高高地扬起枝叶;如果是鸟,就日出而作,日落而息;如若遭受人类的猎杀,也接受命运,至少,我来过这世界。**

人如草木,只是自然界的一个巧合,所有的困惑都归于幻灭,只需像飞禽走兽一样自然生长。

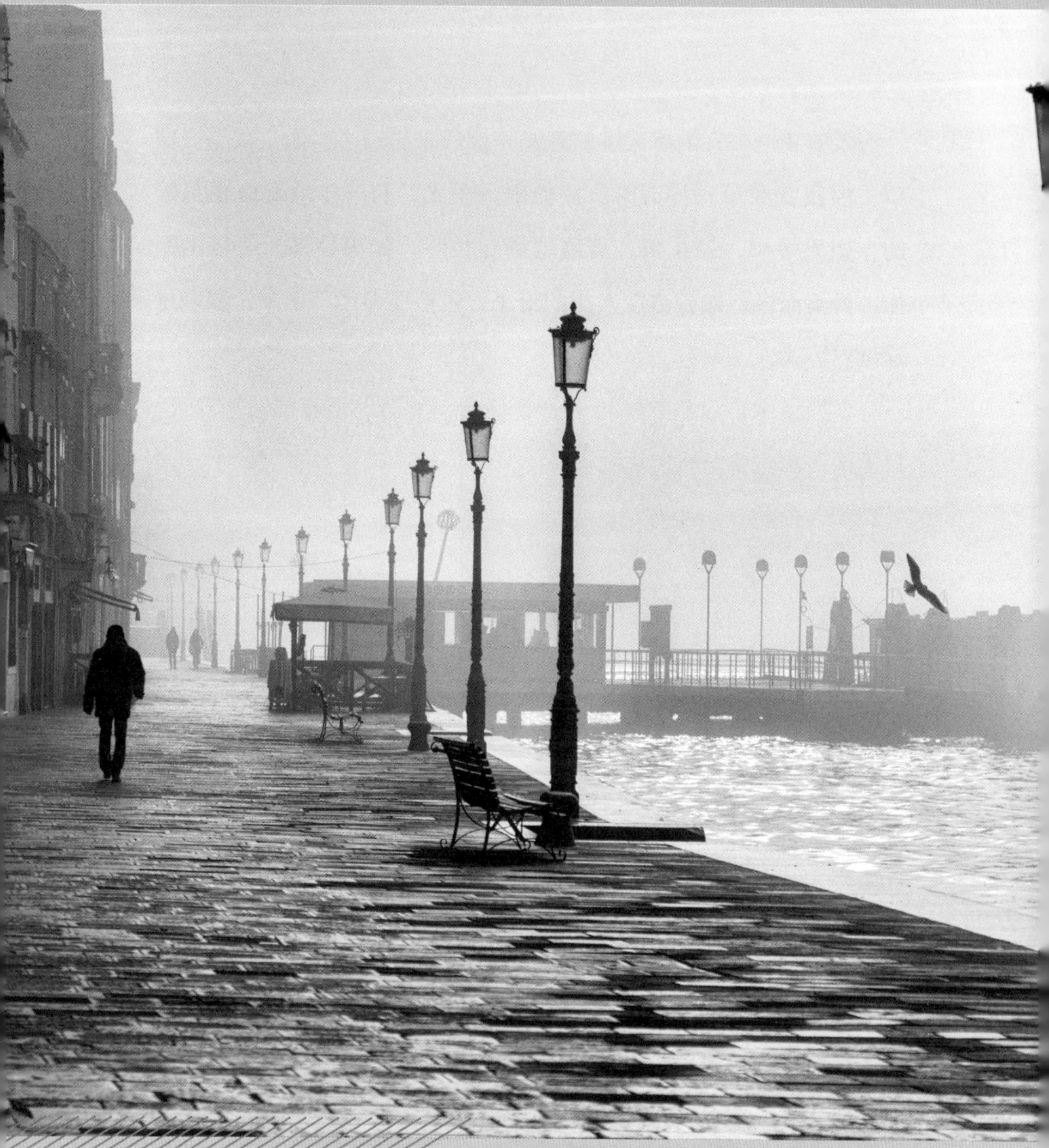

Chapter 6

致未来
没有过不去的今天，
只有走不出的自己

比起让另一个人改写我的命运轨迹，
我更想当自己的英雄，
撑起属于自己的一片天空，
活出我这一生应有的跌宕起伏。

文●摆_渡_人

你所爱的人，
正是你内心深处的另一个自己

> 无论你有境界还是无境界，
> 爱情都能让你进入潜意识的自我剖析，
> 并且会给你答案。

1

我的朋友皓月谈了一场网恋，对方是个姓刘的南方富商，据说年轻有为，见识深远。

刘先生要坐飞机来看皓月，皓月精心打扮了一番等他。

虽说网恋都是见光死，但皓月掩不住内心的喜悦。因为皓月有一米七五那么高，无论走到哪里，都是鹤立鸡群，而那头的刘先生不止一次提到，想找个高个子的女朋友。除此之外，两人在其他方面志趣相投，可谓天生一对。

刘先生来了，他一下飞机就看到了在人群里高挑动人的皓月，远远地和她打着招呼，兴奋地走过来。

待他们并肩走在一起，皓月发现，刘先生不时偷瞄着她的高跟鞋。个子越高越喜欢穿高跟鞋，非要高得出类拔萃惊天动地，这几乎是高个子女生的通病。皓月有那么一点后悔，或许她今天不该穿高跟鞋，因为刘先生个子原本不高，现在和她站一块儿显得格格不入。

果然，他开口提到她的身高："你有一米八那么高吗？"

皓月谦虚地说："不穿高跟鞋的话，其实不到一米八呢！"

刘先生皱了皱眉头："你在网上明明说自己有一米八嘛！"

皓月大吃一惊，他不会是嫌她矮吧？这怎么可能！

我都这么高了，你还会那三厘米五厘米的真儿？

刘先生给皓月道歉："对不起，虽然我个子不高，但我一直想找的女朋友，至少要一米八。"

刘先生对身高近乎偏执的追求让皓月嗤之以鼻，他们自然也没有走到一起。因为皓月想找的，是一个有眼界有深度的男士，可不是一心想娶电线杆的傻狍子。

事后，皓月把这件事当笑话讲给我听：一个身高只有一米六几的男人，居然嫌弃她矮，哈哈哈。

我说，这一点也不好笑。他要是有一米八，可能就不会嫌你矮了。这和一个不甘平凡的女孩子想找个成熟稳重、叱咤风云的男朋友是一个道理。

Chapter 6

- 2 -

爱情千奇百怪花样翻新，外人永远读不懂看不透。

好女和渣男的狗血剧，估计谁都见过不少，而且百思不得其解。

我大学时候的闺蜜蔻子就曾在一段这样的感情纠葛里九死一生。她明知那是个陷阱，却又无法自拔。

我经常感到不能理解，我问蔻子，你到底爱他什么？

帅吗？比他帅的满大街都是。体贴？要是打女人算是体贴的话，那他可真够体贴的。有钱？你见过一个连矿泉水都舍不得买的有钱人吗？才华？说的脏话可以出一本杂集算不算？

蔻子也答不上来。

最终，蔻子和渣男生下一个小姑娘，继续着分分合合的虐恋。

蔻子给小姑娘起名夕颜。夕颜五岁的时候，我在公园见到了她。

夕颜长得像蔻子，很美。而她任性活泼的个性，显然是遗传了爸爸。

看到有卖冰糖葫芦的，夕颜不由分说跑上前摘了一串。蔻子紧跟着向人家付账。

夕颜自顾自吃着冰糖葫芦，蔻子笑眯眯地看着女儿，满脸宠溺。

蔻子说，你知道吗，我五岁的时候都会拉小提琴了，可不像这个小馋猫。

是的，我早就听说过蔻子的传奇，三岁背唐诗，五岁拉小提琴，上小学当主持人，高中又拿奥数奖，虽称不上什么天才少年，但至少是个人见人爱的乖乖女。

想到这些，我对蔻子的命运更加惋惜。

蔻子自己却释然了，她说："以前你问我的问题，我也想不明白。自从有了女儿，看她一天天长大，我才恍然大悟。"

原来，优秀的蔻子其实一直活得很压抑，从小到大，她的生活都难以摆脱表演的性质。她克己复礼，温良恭俭让，几乎没做过一件坏事。所以，当她遇见坏小子，那种狂妄不羁，毫无顾忌的索取，在她看来都是她所渴望拥有的。她羡慕那样的人，又无法成为那样的人。

无怪乎蔻子和渣男难舍难分。

- 3 -

有人问我，你怎么老写爱情，爱情不就是人生的一件小事儿吗？

确实，我听见越来越多的人在说，爱情是件小事儿。对于特立独行的新人类来说，没有爱情，我们也能上班、睡觉、读书、旅游、养小狗，把日子过得津津有味。

那么，爱情的意义是什么呢？

爱情是谜语，也是谜底。

Chapter 6

上帝把一个圆分成两半，让它们相互寻找，原来这不是一个传说。我们的人生，充满缺憾和不自知，所以当我们寻找爱情的时候，也是在寻找缺失的另一个自己。

没有爱情，我们是平面的。爱情来了，投射出我们的影子，我们才变得立体。

苏格拉底说，认识你自己。

人不是天生的哲学家，我们的生活里充满了上班、睡觉、读书、旅游、养小狗这样的小事儿。是的，这些小事儿也都可以加入深刻的哲学活动，但它只是相对于那些有意识的自省者来说。毕竟，看山是山，看山不是山，看山还是山，这是佛家的三重境界，不是人人可得。

而爱情不一样。无论你有境界还是无境界，爱情都能让你进入潜意识的自我剖析，并且会给你答案。

卑鄙是卑鄙者的通行证，高尚是高尚者的墓志铭。每个坠入爱河的人，都在用爱情诠释着自己。

你所爱的那个人，可能是个圣人，也可能是个流氓，你爱他，他就是你的理想。

如果可以，你希望能成为他的样子，一个更加优秀的你，或者一个更加惬意的你。而现实是，你无法成为他，你只能通过爱情让愿望得到补偿。

爱情把你和另一个你放在一起，然后看他们发生化学反应。化学反应的无数种可能，揭示了人生的无数种可能。于是，当我们在讨论爱情的时候，我们在无比真诚地讨论着自己。从这一点来说，没有什么能比爱情更具有哲学意义。

所以，从《哈姆雷特》到《红楼梦》，历来那些伟大的著作，从来都少不了爱情的身影。

爱情是门槛最低的普世哲学，也是我们进入自我审视的最佳捷径。

因为你所爱的人，正是你内心深处的另一个自己。

文●林夏萨摩

亲爱的，从今往后，
做自己的盖世英雄

> 年少时，每个姑娘的心底都住着一个盖世英雄，
> 可她们从来没有想过，
> 可能自己才是那个最好的盖世英雄。

- 1 -

一个周末，我跟 Alisa 在上海市中心比较繁华的一个商圈逛街。

她一眼就看中了某个牌子新出的单肩斜跨小包，颜色是很纯正的宝石蓝，五金配料精致有光泽。不用刻意看，我能感受到 Alisa 眼睛里透出的光亮。

她在镜子前爱不释手地试背了很久，又在看完贵得令人咋舌的价签后，默默地将包放回了原位。末了，还用余光跟包包来了个深情告别，那依依不舍的眼神，仿若在说，小宝贝，等姐姐攒够了

钱，就把你带回家。

彼时，我们的三点钟方向有一对情侣正在挑手环，碰巧，那女生身上背的正是 Alisa 看中的那款包，男生手上则拎着印满了大牌 logo 的大小包装袋。

Alisa 很快将目光收回，拉着我往外走，用细微的声音问了一句，Summer，你会羡慕吗？

我反问了一句，羡慕？羡慕她有一个有钱的男朋友？羡慕她逛街时有个人肉 ATM 机刷卡买单吗？

Alisa 点头，嗯。

我说，曾经羡慕过，可是，你不觉得自己掏钱买单的感觉很爽吗？

是的，我也曾经羡慕过，羡慕那些逛街时有人陪在身边拎东西买单的女生，但越到后来，越喜欢自己钱包里有足够的现金，信用卡有足够花的额度，银行卡里有以备不时之需的存款，能让我在每一个为物质、为精神心动的瞬间，毫不犹豫地为自己的欲望买单。

为什么我们想要的东西一定要别人给？为什么不可以靠自己？为什么我们的幸福，一定要建立在别人的身上，为什么不可以靠自己？

一个女生最迷人的地方是精神独立，而精神独立少不了经济独立搭建的物质基础。如果你连衣食住行、日常所需的供给都需要依托他人来实现，真的会快乐吗？

也许有人会反驳，说我之所以这样说，是因为我的身边没有这样一个人。

不，逻辑错了。

我的身边有没有这样一个人是另外一回事。不管我身边有没有一个随时为我喜欢的一切买单的人，我都喜欢自己有足够的能力，为喜欢的一切买单。

- 2 -

如果你很喜欢周星驰的电影，一定不难发现，几乎，星爷的每一部电影里都有着浓重的英雄主义情结，每个男主都在等机会逆袭，每个女主都在等机会被拯救。

《武状元苏乞儿》里的如霜对苏乞儿说"我丈夫要武功盖世、状元之才，一人之下，万人之上"；《大话西游》里的紫霞仙子对至尊宝说，我的意中人是一个盖世英雄，有一天他会在一个万众瞩目的情况下出现，身披金甲圣衣，脚踏七彩祥云来娶我……

你看，她们明明都是女主角，明明拥有了一切耀眼的资本，可她们却又都心甘情愿地将自己的命运寄托在另一个人的身上，好像只要有那么一个英雄人物出现，自己的命运就会发生翻天覆地的变化，从此绽放出别样的光彩来。

姑娘，你有没有做过类似王子灰姑娘的美梦？

我承认，我有。看过那么多的童话故事，怎么会没有触动？

小时候常常会幻想，遇见一个像王子一样骑着白马的男孩子，他有着太阳花颜色一样的头发，有着温暖笑容，有着贝壳一样的光洁牙齿，有着树枝一样的有力手臂，会特别温柔地牵着我的手，骑着马带着我，踏遍风云雨雪，穿越时光流沙。

再大一点，经历过一些疲惫后，希望就像亦舒笔下的女主角一样，当一幅价值连城的画，被一个人看中，买下，从此不再易主。

但现在，我的想法完全变了，比起等待出现另一个人改写我的命运轨迹，我更想当自己的英雄，撑起属于自己的一片天空，活出我这一生应有的跌宕起伏。

- 3 -

《格林童话》里只告诉我们灰姑娘穿上了水晶鞋，成功地被王子找到，他们在皇宫里举行了盛大的、热闹非凡的婚礼，从此灰姑娘和王子在城堡里幸福快乐地生活，可童话故事从来没有告诉过你们他们的婚后生活。

也许，王子后来发现自己对灰姑娘只是一时心动，两个人并没有什么深刻的共同语言。相反，他跟邻国的公主倒是可以从诗词歌赋聊到人生哲学；也许，灰姑娘与王子相比虽出身寒微，却品格清高，根本适应不了皇宫里的虚与委蛇，日子过得并不开心，于是，在一个风和日丽的早晨，灰姑娘吃完早餐，亲吻完王子的脸颊后就躲开了所有的守卫，偷偷地逃离了皇宫；也许，有太多也许。

Chapter 6

童话故事构建的原本就是一个虚拟的平行时空，我们能看到的永远只是只言片语，但灰姑娘嫁给王子，只是故事的新起点，绝对不会是幸福的终点。

你看，连一个最简单的童话故事，略加调整情节，都能衍生出许多截然不同的版本来，更何况是我们的人生呢？

我们的人生，有太多的不确定性，有太多的未知、太多的精彩，如果我们从头到尾就只想着有所依靠、不劳而获，那么，我们凭什么拥有一个绚烂多彩、光芒万丈的人生？

年少时，每个姑娘的心底都住着一个盖世英雄，这个英雄能号令群雄、翻云覆雨；这个英雄能为自己鞍前马后、赴汤蹈火，满足自己想要的一切。

可她们从来没有想过，可能自己才是那个最好的盖世英雄，**女孩子的心思滴水藏海，从来只有自己才最懂自己，从来只有自己才知道在每一个不同的瞬间最需要什么。所以，我想当自己的盖世英雄。**

姑娘，相信我，你完全可以做自己的盖世英雄。姑娘，相信我，花自己赚来的钱，更爽更理直气壮；坐拥自己争取来的幸福，更稳更踏实。

因为，局限你的人生的，从来不会是性别，而是思想。

文 ● 安梳颜

不要等到走投无路
才想起努力

> 愿你不浪费时光，
> 不模糊现在，不恐惧未来。
> 愿你变成更好的自己。

明天就要考雅思了，可是我到现在连书都没翻过几次；下个周末就要考注册会计师资格证了，可是我一点都没准备，我该怎么办？后天就要交论文了，可是我连论文题目是什么都不知道；还有几天就是全公司大考核了，我不甘心待在这个没前途的岗位上，可是我什么也不会啊。命运之神到底是什么样呢？

她有样貌，有身材，有家世，有数不清的宠爱，所有人都把她捧在手心里，高高在上，闪闪发光，是个娇气的小公主。

她家在农村，从小懂事听话，熬夜学习，受了委屈也咬牙坚持，不肯掉一滴眼泪，拼了命也只换来一个普通人的一生。

对啊，命运就是不公平的。

上帝给你关上了一道门，就会给你打开一扇窗。（根本就是屁话。）

它拼命给别人送礼物——爱情、才华、天赋。

你一个劲儿地冲它笑，它反手给你一耳光，打得不过瘾，又是一耳光。

你能怎么办呢？

大哭大闹撒泼打滚儿对着全世界喊冤枉？可是生活不是判案啊，没有铁面无私的包大人站在你身边替你平反昭雪。

最后还不是只能抹把眼泪，抱抱自己，接着笑靥如花走下去。

- 2 -

有一句话说，什么时候努力都不晚。

所以，总有人用这句话安慰自己，今天拖明天，明天拖后天，日复一日，直到拖不下去为止。

可是说实话，你最后奋发努力真的赶得上那些从未放弃孜孜不倦往前奔跑的人吗？

也不是没可能，天才总是有那么几个的。

一个小伙子向我抱怨，也想努力做一件事，做精细，做透彻，可总坚持不下来，最后落个日复一日蹉跎人生的悲惨结局。

他说自己从小就很聪明，小时候他觉得自己会成为一个不一般的人。

后来长大了，却发现自己的聪明没用对地方。

别人做调研跑市场用了整整一个月才搞定的任务，他用一个星期就完成了。

大学的时候，室友认认真真泡图书馆看专业书，而期末考试他随便瞟几眼居然也能过。

我羡慕地说，那真好啊，余下来的时间你可以做自己喜欢的事情，真幸福。

可他却回复我，没找到喜欢的东西，多出来的时间也被浪费了，在刷微博看视频的不断转换中悄悄溜走了。

再回首，青春一晃而过，在他的记忆里，什么都没留下。

学校里，他专业考试过了，却也是勉勉强强，和班上大部分人一样。

公司里，他对业务技能不是很生疏，却也谈不上熟练。

爱情呢，遇到一个一般的姑娘，说不上多喜欢，也没有很讨厌，可以结婚。

他说，有一天看我的文章，醍醐灌顶，再这样下去，恐怕就应了那句老话：最怕你一生碌碌无为，还安慰自己平凡可贵。

"我可是要当英雄的人啊"，这是他回复我的最后一句话。

— 3 —

有时候觉得未来是最好玩的一件东西，如果它是一个软绵绵的面团，最后被捏成什么样子，恐怕决定权还是在我们自己手上吧。

一个朋友的朋友，现在创业开公司，带团队，拿到了天使轮。

他出门就穿金戴银，名表配西装，名车配美女，简直金光闪闪亮瞎大家的眼。

看上去真的挺好的，可是能有什么用呢？

圈子里的人都知道，他最喜欢的姑娘在他最窘迫的时候离开了他，那年他欠着外债，家里尚有重病老人。

同学聚会的那天，他喝高了，当着全班同学的面，扯着那姑娘的衣角，哭着喊着说不要分手，他会努力，可姑娘依旧走了，连个背影都没留下。

现在他功成名就，金光闪闪，却绝口不谈爱情。

— 4 —

以前在外地打工的时候，租的房子在偏僻得不能再偏僻的犄角旮旯。

我喜欢去楼下的早餐摊子买碗热干面，发工资有钱的时候就多加一碗馄饨，月底没钱的时候就只吃一碗热干面。

早餐摊子的大叔每次都给我一杯豆浆。一开始我以为是送的，大家都有，还傻了吧唧地说再来一杯。

有一天突然发现除我之外，其他人都是付钱的，脸上简直就是大写的"囧"。

我要给钱，大叔不让，说我总照顾他的生意，一个小姑娘在外地打工也不容易。

我也只能尴尬地笑笑，偶尔给大叔带点水果什么的，渐渐地就熟了，我也能偶尔去蹭个饭，周末不加班的时候也帮大叔看个摊。

大叔每天早上 4 点起床，准备早餐的一切事宜，磨个豆浆，炸个油条……忙下来就是一早上，然后等我们这些上班的人起床吃早饭。

中午过后大叔还会去菜市场门口，顶着大太阳推着一个小推车，在那附近卖菜，直至落日黄昏。

大叔说起这些的时候，笑得异常灿烂，我听着却有点心酸，大叔头上的白发、额前的皱纹告诉我，这本该是颐养天年的岁数啊！

问起原因的时候，大叔只是说，女儿女婿贷款买了房，还差 20 万，自己想努力帮衬着点，趁自己还干得动，多挣点钱，帮女儿攒着。

那一瞬间我真的不知道该说什么，只能使劲儿低着头，望着地面。

– 5 –

以前看过一部电影《万箭穿心》，最开始特讨厌女主角，尖酸刻薄，为人有些自私自利。

当看到她老公出轨的时候，我心里暗暗想，这样的女人，恐怕谁和她在一起都会受不了吧。

东窗事发后，女主角就各种闹，各种耍性子。

最后男主角跳河自杀，未曾给她留下一言一语。

接下来的故事莫名变得悲情，为了养活儿子供他读书，她放下了固定工作，拿起了扁担，当上了替人挑货的"棒棒"。

她自己省吃俭用，在棒棒餐馆只敢点不加肉的素菜，却把挣的钱都交给孩子的奶奶，嘴里一直说着，一定要让儿子小宝吃好，要有营养，荤素搭配。

10年一晃而过。在这10年里，儿子小宝一直不肯原谅她，从未叫过她一声妈。小宝的录取通知书下来的那一天，也是小宝18岁生日。

小宝让她把房子过户到自己名下，并赶她搬出去。

若说起命运，她一天好日子未曾过上，前半生婚姻不顺，后半生疲于奔命，到老了，落个无家可归的下场。

- 6 -

大家都说，命运自有它的安排。

可是我想说，只有努力到无能为力，才有资格说听天由命这种话。

出身农村，你不努力学习没考上大学，高中毕业就被嫁出去养猪、种地、带娃，那怪不得谁。

身在大学，你浑浑噩噩混日子没找到好工作，后半生碌碌无为处境窘迫，那也怪不得谁。

天天嚷嚷着梦想，却从未付出货真价实的行动，最后屠龙梦变成了白日梦，更怪不得谁。

若说命运不公平，给了一副烂牌。

我高中时是留守儿童，一个人守着很大的空房子，一个人睡觉、上学，顶着四十二度的高烧去医院打针。

我上大学自己挣学费、生活费，偶尔还要给老家的外婆寄钱，熬夜写软文，顶着烈日发传单。

说真的，我不觉得自己摸到了好牌，但是我见过比我还难的。

大家的路都不好走，不是只有你受尽委屈。

不要等到走投无路的时候才想起努力。愿你不浪费时光，不模糊现在，不恐惧未来。

愿你变成更好的自己。

文 ● 钱饭饭

圈儿内没有姑娘，全是女王

> 我们要做的是在妖娆的曲线、妩媚的爱情里成为一棵独立的树，一棵女王样子的大树。

当七妹泪流满面地从酒桌上站起来，端着红酒杯，字正腔圆地吐出："从此以后，圈儿内没有姑娘，全是女王。"大家都有些动情了，不自觉地拼命鼓掌。圈儿内压抑太久，太需要这一股子平静的霸气了。

七妹昨天还在电话里哭到断气，在微信群里发哭肿的眼泡照片。她因为黑瘦、不洋气、没魄力而惨遭男友抛弃。平时低调沉默的她为减轻痛苦自揭了伤疤，向圈儿内所有好友宣告了爱情的破产。同时，被卷走的还有毕业两年的积蓄。

因为他俩同居嘛，钱在同一个卡上，脸皮薄的七妹硬是要求写了前男友的名字，直到昨天回到人去楼空的家，傻眼了。

卡里的钱不多，但她窝囊极了。眼神儿有多差，才能看上如此恶劣没品的男人，分手都偷偷摸摸的。

圈儿内好友炸开了锅，但似乎所有狠毒的咒骂都难平七妹的痛苦。照片里的她仰在沙发上，头发蓬乱，衣衫不整，脸上还挂满泪痕。

七妹说："别劝了，你们都不能感同身受，太难受了，让我哭几个月，沉寂几个月。"

然而，圈儿里7个姐妹，老七不是最先失恋的，也不是最惨的那个。

之前的老大眼看就要奉子成婚了，结果挺着孕肚捉奸了；老三背井离乡来到这个城市，是想俯下身子好好爱一个老实巴交的男人的，结果老实巴交的男人为了仕途攀了高枝儿；老六更是，一个男朋友接一个，不是被劈腿就是被玩弄，似乎总也碰不到好男人。

可是，不都走过来了嘛，大家还是嘻嘻哈哈地看电影、逛街、喝咖啡，怎么到了七妹这里，大家都慌了，不知道该怎么帮她了。

因为七妹太弱了，平时不管别人怎样说她，就知道咧嘴傻笑，别人描眉画眼，她在一旁静静看书；别人挑选衣服，她在一边沉默不语。

她把自己放在生活的套子里，让自己安稳着也让别人安全着，从来不会给任何人压迫感，事事都尊重别人的意见和建议；和男朋

Chapter 6

友在一起时的样子，更是不能再小鸟依人了。

其他六个姐妹都劝过她："做女人，不能太没自我了。"可是她温柔无助得像个小猫咪，躲在男朋友身后忐忐地接触这个世界。她觉得左手友情右手爱情，挺好的，真的挺好的，无须改变。

天之将塌只在一瞬，男朋友留下一张没头没尾的字条："对不起，你太没意思了。"卷铺盖消失了。

七妹除了哭还是哭，大家都看在眼里，急在心里。她们互相询问："你们难过时都怎么办，说出来听听。"

"喝酒""购物""打扮""美甲""吃""玩"……有人说七妹仿佛都不热衷……

老大说："不热衷也得热衷，这些都能让女人找到安全感，我们一起帮她。"

她们是这个城市里最有缘分的，一个介绍一个地认识了，都是真诚坦率的姑娘，很快就结成了一个圈儿，微信朋友圈儿。她们是这个城市里彼此的靠山，她们第二天就拿着自己的美衣美物赶到了七妹家。

没别的，她们要教会这个可怜的姑娘学会失恋，学会重新开始。

七妹起初是拒绝的，她不觉得这些身外之物能让自己的感情和心理产生多么大的转变，失恋了就是失恋了，被甩了就是被甩了，我不行就是我不行。

然而，女人都是天生的性感尤物，当七妹被七手八脚地化妆打扮起来时，她睁着不可思议的眼睛看着镜子里的自己，皮肤白了，眼睛大了，身材挺拔了，浑身都是气质，自己都震惊了。

她回过头同姐妹们说了一句："我想出门了。"

她用自己仅有的积蓄请大家吃了顿大餐，破天荒地拿起酒杯，喝了几杯红酒，然后就打开了话匣子，和一众姐妹大骂着和自己失败的过去告别了。

对的，她说："从此以后，圈儿内没有姑娘，全是女王。"

……

然而那天惊艳的打扮和那顿爆爽的红酒并不能迅速地将她悲痛的情绪压下去。七妹回到家，依然会感到失落和悲伤，对自己的怀疑像条虫子一样过来抓她的五脏六腑。

可是，痛归痛，她不得不振作起来。

放眼圈儿内其他姑娘，个个都聪明伶俐，坚强有韧性，都能把握自己的生活，而自己和她们的差别就在于，她太把自己当姑娘，处处示弱处处依赖，而她们都把自己当女王，处处要强处处独立。

她得追上去，一刻也不能等。

第二天，她笨拙地化好妆拍照发到群里请大家指点；第三天，她去商场挑了几件和自己之前风格全然不同的衣服；第四天，她神采奕奕地回到公司，撤回了已经请半个月假的申请。

七妹不停地告诉自己：我要好好的，比渣男在时更好，我要变美、变白、变有趣，我要认真努力地工作，把自己养成女王。

圈儿内的聚会仍然常常进行，七妹再也不是原来的那个七妹，她慢慢地开始参与进去。姑娘们都很开心，因为她的转变。

老大说："看吧，没有什么是变美不能解决的事儿，如果有，那就变更美，是时候给七妹介绍对象了吧！"

七妹说："老大、老三，其实我多么希望咱们没有经历这么些痛苦的事，其实是痛苦的事逼着我们一点点变成熟、变强大了，虽然挺好的，但过程其实很疼的。不过既然我们已经摊上了，希望其他的几位顺遂一些吧！"

可是，姑娘们纷纷摇摇头："不是这样的，无论你身在何处，都是要独立的，独立和强大这两件事永远都不会过时，因为你不知道生活什么时候冒出点事儿来考验你的韧性。要成为更好的自己，就不能等被戳疼了才开始。"

七妹点点头："谢谢你们，陪我度过失恋的这段日子，我终于熬过来啦！"

老大说："不算熬，这是成长的代价，没有这一种，也会有那一种，你要学着自己成熟，我们都加油。"

后来，七妹在大家的意料之中迎来了新欢，够帅够暖，比前任好太多。

七妹绕了一大圈儿，终于学会了善待自己爱美的心灵和独立的性格。

其实，生活的热闹远比你想象中更残酷，变得更好这件事一直都是女人的铠甲，我们要做的是在妖娆的曲线、妩媚的爱情里成为一棵独立的树，一棵女王样子的大树。

这样便可以和他人缠绵，更可以独自前行；可以给别人爱，更可以吸引别人的爱。

愿女人圈儿里，没有姑娘，全是女王。

文●南下的夏天

你怎知
明天不是星光满天

> 我与她于无垠暗夜为彼此拭去泪水，
> 得见独自披荆斩棘的自己。

那年我刚刚毕业工作三个月。

虽然入了秋，南国的暑热却依旧死守城池，秋风像是一群老弱残兵，对暑热久攻不下，转而溃不成军，空留下一地35度高温，睥睨众生。

但我几乎从没见过正午的日光，身为新人，又逢公司项目上马，早出晚归，连贴张面膜的时间都觉得奢侈。加班亦变得像一日三餐一般稀松平常。

其实忙起来哪里又有时间吃晚饭呢？还不如多做几行报表，多写几行策划案。

也许是为了补偿我关于白日天光的所有"遗憾"，我很快就会看到一张堪比酷暑余威的得意的面孔。

我丝毫不怀疑房东就藏在她的房门背后，专门等着我踏进楼道的足音。

她果然"哗啦"一声拉开铁门，生锈的防盗门总是惊天动地一声巨响，甚至惊动了许久不曾死而复生的声控灯，照亮她已然臃肿的腰身。

她开口了，语速让我想起激情四溢的脱口秀主持人。

"房子不能租给你了。你收拾收拾快点搬走。

我把押金给你，再给你一个月房租，合同写得很清楚嘛！你读过书，肯定认识那些字。

但是你要赶紧，这也快周末了，就趁着周末搬走吧。

哎！你不用这样看着我，我知道，按照合同要给你20天时间搬走。

但是实话告诉你吧，是培训学校要租我的房子，几间房子要打通，这两天就施工，到时候工人一来，电钻一响，你不还是要搬？我这可是为了你好！

我知道你读过书，懂法律，但可别想着去告我！法院审案子怎么也要几个月，那时人家早就施工了，你根本住不下去。

并且见了法官，我可不会爽爽快快地多给你一个月房租。你不会和钞票过不去吧？"

她终于停了下来，真像是脱口秀主持人等着满堂喝彩。而我的处理器实在是慢了半拍，"最近公司太忙，能不能多给我几天时间

Chapter 6

找房子。"

她微微一笑，自信得像是运筹帷幄的谋士，"哎呀！向你老板请一下假喽！初来乍到，谁能没点事情？

我忘了告诉你，你这间线路不太好，今天晚上没电！明天我给你找人看，但我不想大修了，反正他们培训学校要改线路的！"

她"嘭"的一声关上门，底气十足得连声控灯都灭了。她当然底气十足，一大堆让我不得不退租的理由，并且连水电都不愿意让我再用了。

你看，我连进屋煮一碗方便面都无法做到。空荡荡的胃陡然绞痛，我返身下楼。

小街对面的便利店依旧灯火通明，收银员小哥对着手机屏幕快乐得灿若艳阳天。

供人食用快餐的小桌，早已被享用"关东煮"、闲聊八卦的女子占据。她们的丝袜如同鱼鳞一般微光粼粼，头发挑染着一缕缕妩媚的亮紫或是淡蓝，香水的气味过于浓烈，在冷气充足的店面，像是生生打翻了一盒胭脂。

人间一贯活色生香。我不知道可以去哪里，不知道明天怎么向上司开口请假，更不知道搬家的种种琐碎会怎样让原本已经分身乏术的职业生涯支离破碎。

我在一家银行门前的台阶上坐下，旁边有一群纳凉的长者，他们满口本地方言，我根本听不懂。

手机在口袋里响个不停，我一点都不想接。直到它第三遍响起，我才反应过来会不会是团队成员深夜造访。

听筒里大学闺蜜哭个不停，"我本想见到你再说，但是在车上我就忍不住了……他和我分手了，我们才异地恋几个月啊！"

我丝毫不怀疑，我的生活终于过成了九流编剧粗制滥造的恶俗剧目。但墨菲定律也根本不是胡说八道，比如分明有重要会议的早晨，总有些车辆爆胎、地铁停运或者立交桥车祸。

我说："我已经无家可归了，房东不愿意租房给我了！"

也许安慰别人的最好方法就是让对方觉得你比她更惨吧。

她忽而义愤填膺得像个战士，"那怎么行？我去帮你理论！"

我说："你别闹了！房子是人家的，想不让我住，有100种方法呢！你来吧，接我去你家。"

我借着手机微光回屋收拾换洗衣物，房东的铁门后又有人影一闪而过，像是担心我半夜拿着汽油与她同归于尽。

我和闺蜜终于错过最后一班公交，她住得又那么远，计程车的红字让我们一路上心惊肉跳。

不记得是哪篇网帖说过，开始担心钱是好事，因为理智又回来了。

我和闺蜜絮絮叨叨几乎一夜，诉苦掺杂着彼此安慰，直至沉沉入睡。我终于在第二天，鼓起勇气走进上司办公室，告诉她我要请假找房子。

并且我惊讶地发现，房东在对我进行脱口秀表演时，我竟然碰到了录音键，把她的精彩演说，一字不漏地记录下来。

像是为了增加说服力，我把语音打包，发到了上司邮箱。

不知是不是因为项目进展顺利，上司心情大好，"找房子要紧！我刚工作时，为了把户口转过来，往返故乡两三次呢！"

彼时，我忽然想起一个成语——"感同身受"。遇到一个有过类似经历的上司，简直像是中了头奖。

她又说："你留意一下是哪家培训学校要租房子，我们也有教育项目。"

在我搬空房间，多拿到一个月房租的那天，我居然真的在公司遇到了那家培训学校的一位负责人，他被我们这样的"知名"公司邀请，年轻的面孔显得有些拘谨。

上司倒是一副公事公办的语调，"我们考察过贵校，教学口碑不错。考虑到日后合作的可能性，我们认为有必要让你听一段录音，来自你们未来的房东。"

当房东给我打电话，腔调柔软地询问我是否愿意回去的那个夜晚，我正和闺蜜在新居的露台纳凉。晚上天气清朗，漫天星辰。

我想，我再也无法忘却彼时的绚烂星夜，亦不会忘记此夜我与闺蜜的彼此慰藉。

我们皆是女子，孤身临异乡，无枝可依，时有惊惶。诸般不顺，如若归结，却大抵只是三类，一是工作，二是生活，三是情伤如刀。

闺蜜对我说："如果项目就是需要你，做完还有回报。你就在我这里住下，根本不用请假！就是离公司远一点，早睡早起便是。"

我对她说，"你哭了这么久，明天怎么去上课？你是培训师啊！他已经与你千里之隔。但讲台下面是学生，讲台外面是公司考核表。"

她不会嫌弃我不懂情爱，言语冰冷，我也不会责怪她不知我满腹委屈。只因那属于校园的惆怅、忧伤、泪水与多情，只能随着一场毕业典礼而烟消云散。

荒凉无言的都市之畔，水泥森林如许深不可测，灯火辉煌如许寒冽如冰。除却用以安身立命的职场，哪里还有地方让我们沉沦于悲伤呢？

我与她于无垠暗夜为彼此拭去泪水，得见独自披荆斩棘的自己。于是，疼痛终会消弭不见，明日的星空依旧波澜壮阔，宛如海洋……

图书在版编目（CIP）数据

越勇敢的女人越幸运 / 简书主编. -- 北京：北京日报出版社，2016.11

ISBN 978-7-5477-2358-6

Ⅰ.①越… Ⅱ.①简… Ⅲ.①女性—成功心理—通俗读物 Ⅳ.①B848.4-49

中国版本图书馆CIP数据核字(2016)第276414号

越勇敢的女人越幸运

出版发行：	北京日报出版社
地　　址：	北京市东城区东单三条8-16号东方广场东配楼四层
邮　　编：	100005
电　　话：	发行部：（010）65255876
	总编室：（010）65252135
印　　刷：	北京天宇万达印刷有限公司
经　　销：	各地新华书店
版　　次：	2016年11月第1版
	2016年11月第1次印刷
开　　本：	710毫米×1000毫米　1/16
印　　张：	13
字　　数：	138千字
定　　价：	42.00元

版权所有，侵权必究，未经许可，不得转载